熊星人
希堤星系迷航記

企劃：肯特動畫　台灣大學地質科學系
漫畫：比歐力工作室

目 錄
contents

第五話　火山島冒險

一陣人佇樹林仔內謹愼向前行，火山雄雄強烈噴發，in為欲避難趕緊覕入去山洞，佇洞內閣一擺拄著強烈的地動，拉雅雄雄發覺in是拄著斷層地動，地母神的憤怒。

地熱田。火山預警。火山炦。斷層佮活動斷層。火山氣體

熊星人

希堤星系迷航記 2

QRCODE

台語有聲故事

每一个故事開始掃QRcode

就會當聽著台語有聲故事

火山島的探險開始矣
一路東倒西歪的樹仔，妨礙in向前。

啊，哪會有遮濟樹仔倒佇遮啦，按呢是欲按怎行路。
嗚～嗚帕帕，猶是你較勢。

嗯，凡勢是予最近的地動影響著，樹仔若生佇較鬆軟的塗裡，就倒落來矣。

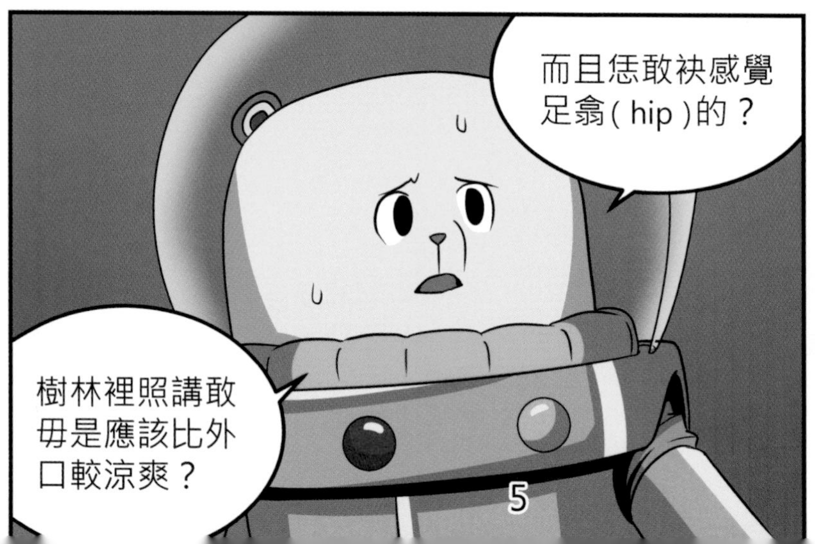
而且恁敢袂感覺足翕(hip)的？
樹林裡照講敢毋是應該比外口較涼爽？

有夠熱的～

嗯...，欲取地熱能，愛先有適合的地熱田。
對遮濟的地球的地質觀測資料內底，你敢有歸納出啥款的物理路矣？

板塊交界處
會當開發利用的地熱一般攏佇地殼必開的所在，就是板塊的上邊仔，

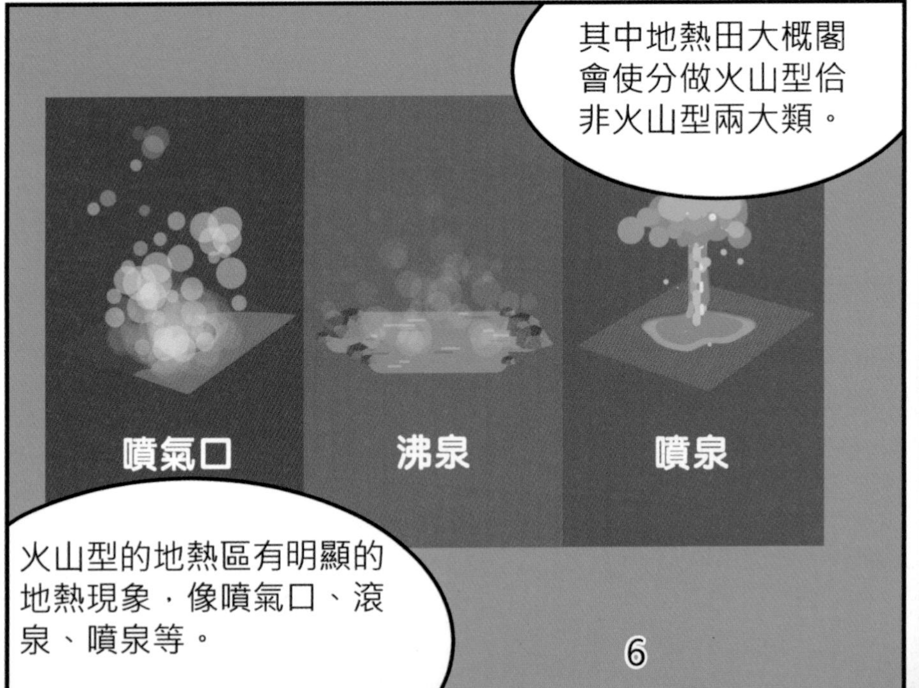
其中地熱田大概閣會使分做火山型佮非火山型兩大類。
噴氣口
沸泉
噴泉
火山型的地熱區有明顯的地熱現象，像噴氣口、滾泉、噴泉等。

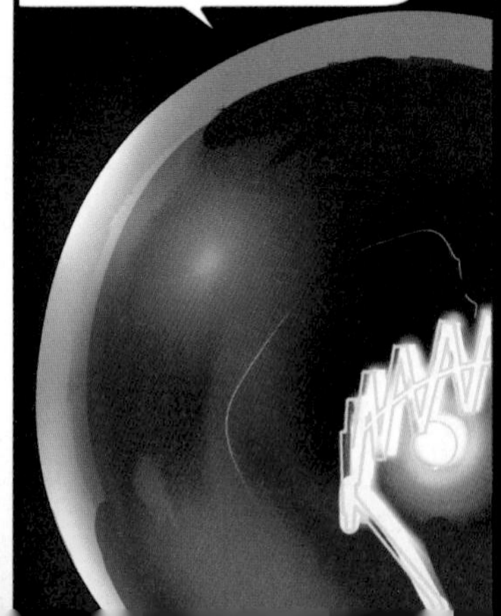
火山型的地熱區域，
加足危險的neh。

嗯~按呢咱敢有才調按算火山當時欲爆發，提早共阿盧佮妮妮警告？
你會用得研究看覓，火山爆發進前攏會先起報頭。

嗯...除了會發生誠濟小型的地動，火山四箍圍仔的地溫抑是水溫嘛會衝懸，
水溫▲
地溫▲
裂縫
火山氣體
地表嘛有可能會必開抑是變形，
猶閣有一寡火山下底的氣體會噴出來。

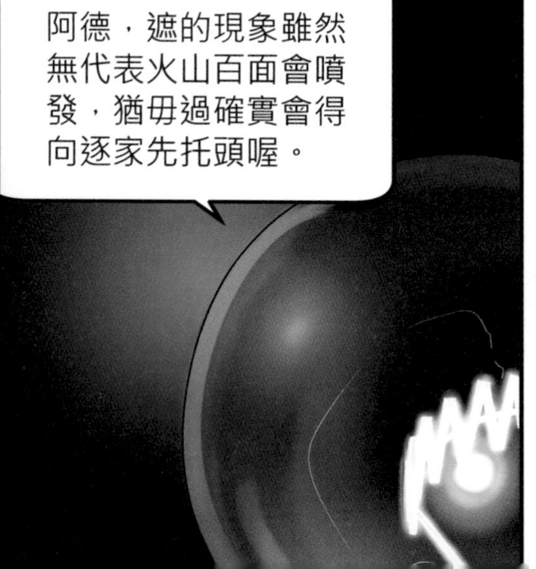
阿德，遮的現象雖然無代表火山百面會噴發，猶毋過確實會得向逐家先托頭喔。

這聲害矣，最近發生相連紲的現象，我煩惱去探勘火山島的阿盧佮妮妮會拄著閣較危險的代誌...

阿德..
阿德

啪
Eh！熊星人！
你咧佮啥人講話！
我毋是共恁講過
矣袂用的清彩佮
外口聯絡?

哼！阮曷毋是
恁的犯人啊！
是按怎毋予阮
佮阿德聯絡！

是按怎？
轟隆…

轟
隆
隆…

害矣啦！
將軍！
咱拄著遮劇烈的
噴發，著愛緊揣
所在覕起來。

猶毋過火山離咱遮閣有一段路，免緊張啦！
極加就是坱著一寡塗粉爾爾！

毋著，彼種火薰叫做火山烌，是因為火山噴出一寡細粒物仔坱甲規四界，
可能會淢到幾百公里，而且燒燙燙的火山烌大量落(lak)落來，誠有可能予咱攏無法度喘氣 ...。

啊！我佇地球捌看過一本講龐貝(Pâng-puè)城的書，規个城市予火山烌淹甲無--去，
尾仔挖出來的時陣，人攏予燒了了矣，干焦賰人形的殼爾。

啊~咱欲覕去佗位？咱欲覕去佗位啊？
規个天頂攏是坱蓬蓬的煙霧。
嗚帕~
嗚帕帕！

頭前彼爿有洞穴，咱緊入去！

阿盧、妮妮！
聽著請應聲！
有聽著無？

阿德！
按怎？
一直聯絡
袂著in啊！

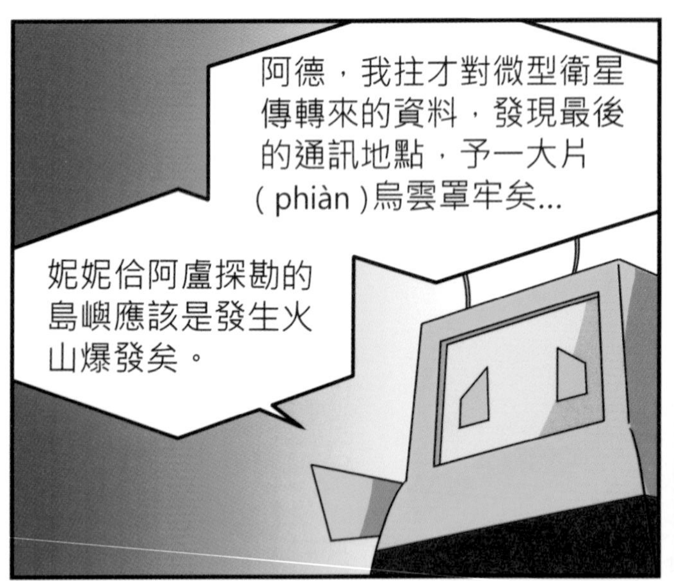
阿德，我拄才對微型衛星傳轉來的資料，發現最後的通訊地點，予一大片（phiàn）烏雲罩牢矣...
妮妮佮阿盧探勘的島嶼應該是發生火山爆發矣。

敢誠實的！？
緊予我看覓！

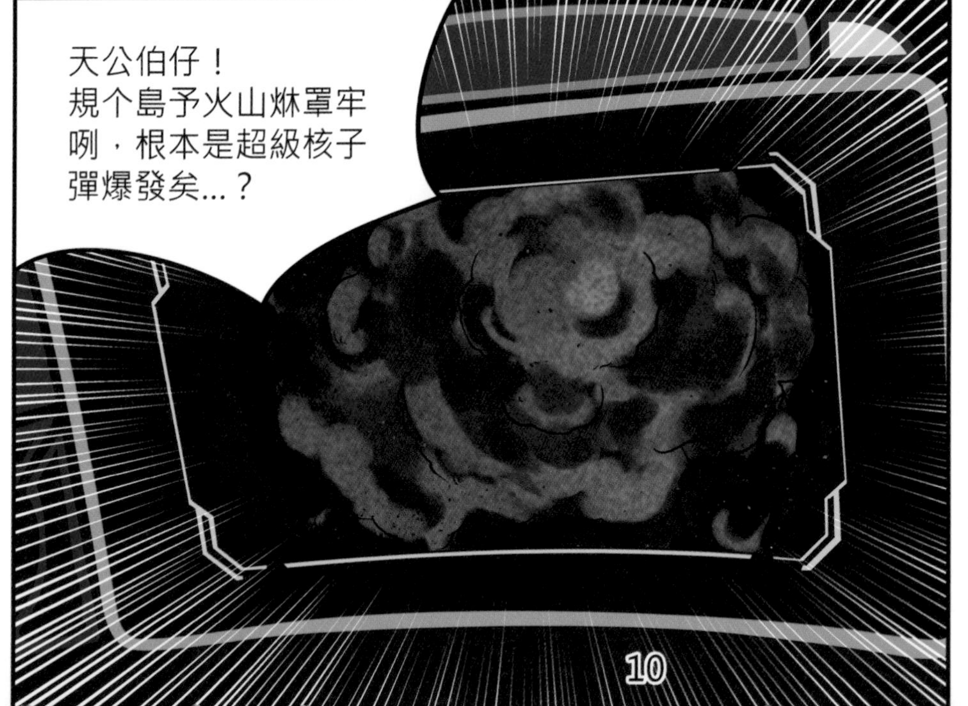
天公伯仔！
規个島予火山烌罩牢咧，根本是超級核子彈爆發矣...？

妮妮佮阿盧
敢會出代誌矣...？

in趕緊走入烏màmà的洞穴，
拉雅提一個微型設備提供照明。
按呢就有光源矣。

嗚帕帕，
你欲去佗位啊？
莫烏白走。
嗚帕帕~。

有影佮我想的仝款，
遮是嗚帕魯帕人的通道。

是，將軍！
咱會當繼續向前行矣！

為啥物啊？

這个洞穴捌有熔岩經過，這種洞穴叫做「岩漿通道」，
通道之間可能會有相迵（thàng），猶毋過洞穴上尾會迵到佗位，阮嘛毋知影。

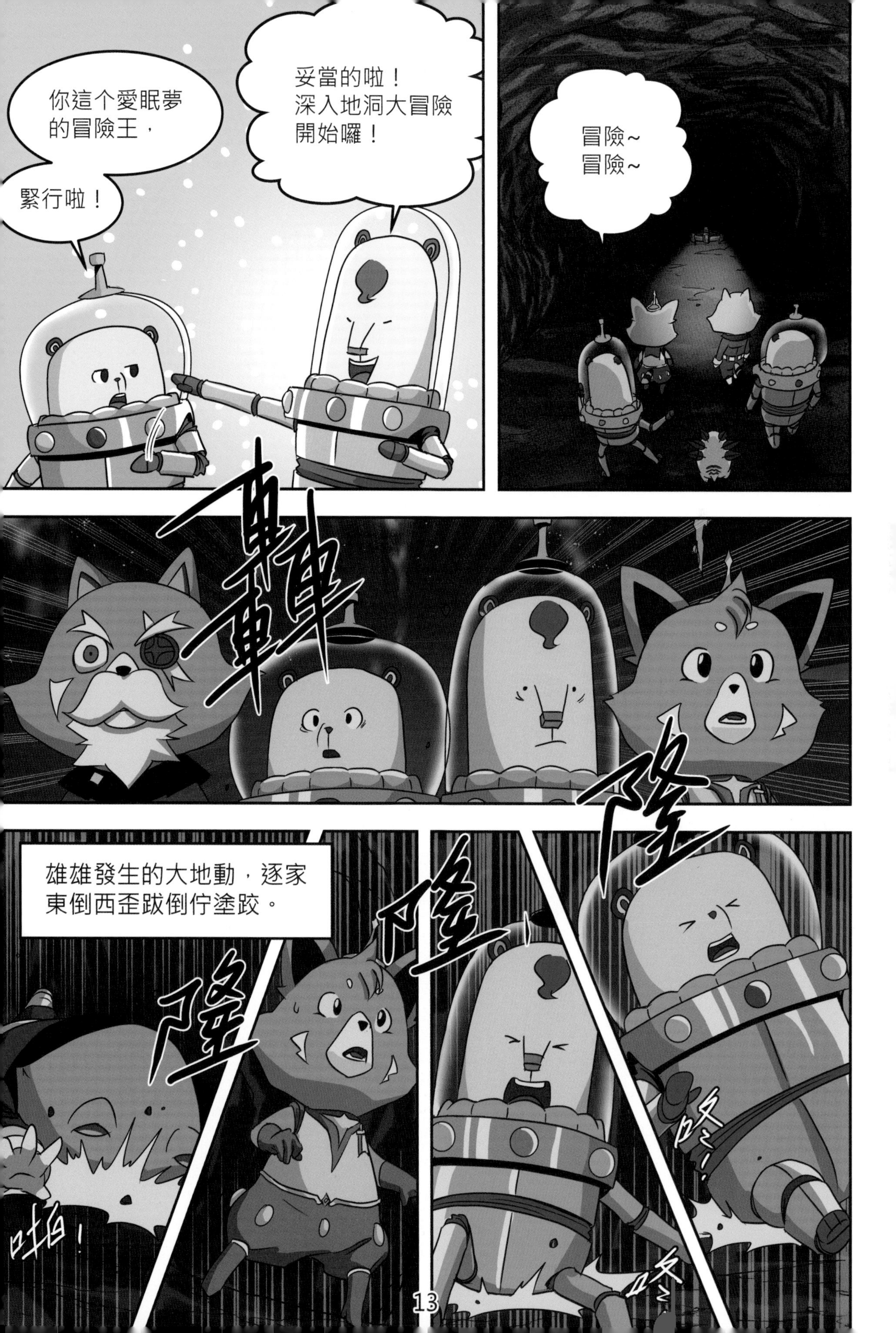
你這个愛眠夢
的冒險王，
緊行啦！
妥當的啦！
深入地洞大冒險
開始囉！
冒險~
冒險~
雄雄發生的大地動，逐家
東倒西歪跋倒佇塗跤。
隆
隆
隆
咚
咚

將軍，你無代誌ho^{n}?
足疼的！我的尻川足疼的啦...。

我無代誌！

Eh...地動進前彼爿敢有光線？

恁看！頭前就是出口neh~

媠啦！媠啦！

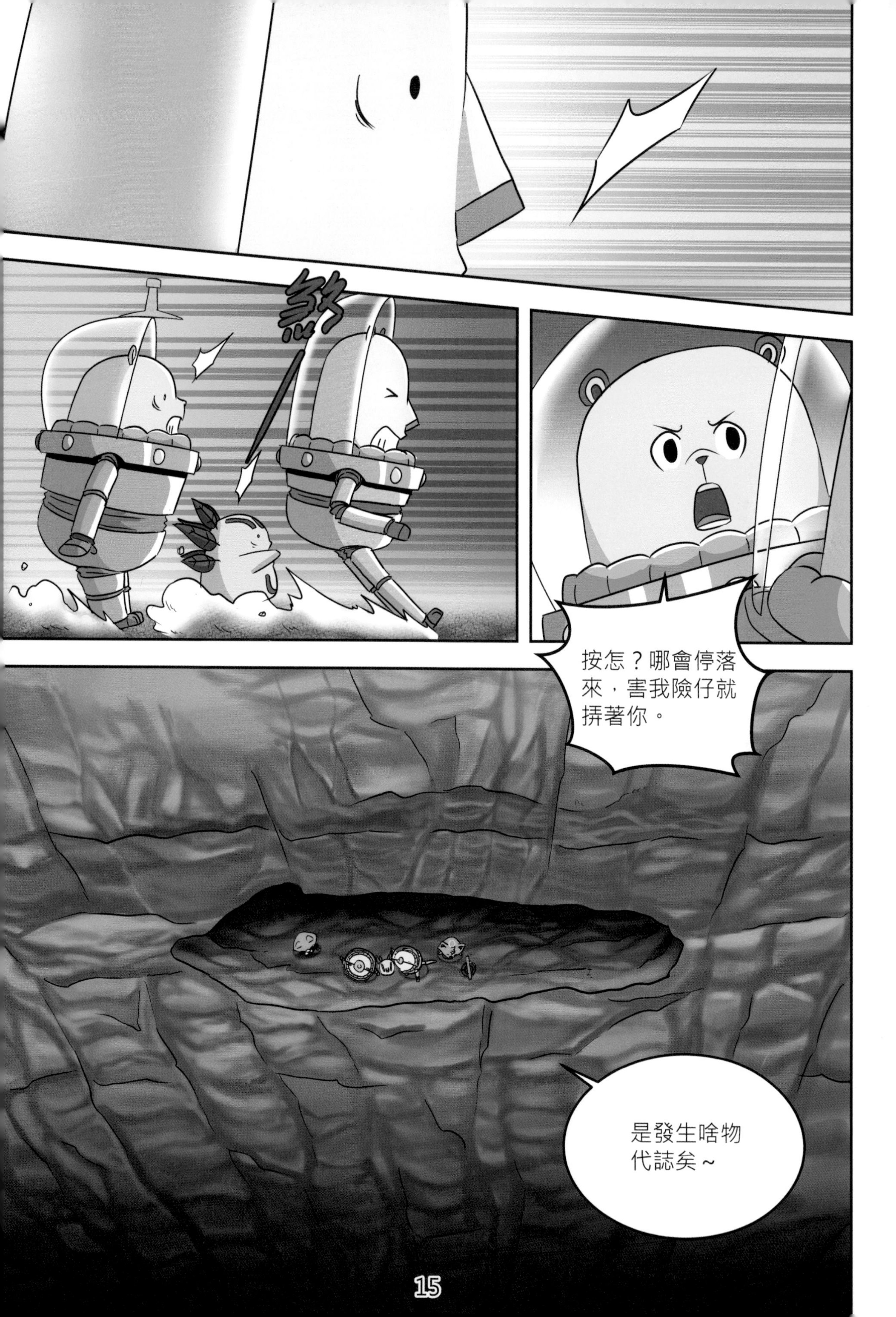
煞
按怎？哪會停落來，害我險仔就拚著你。
是發生啥物代誌矣～

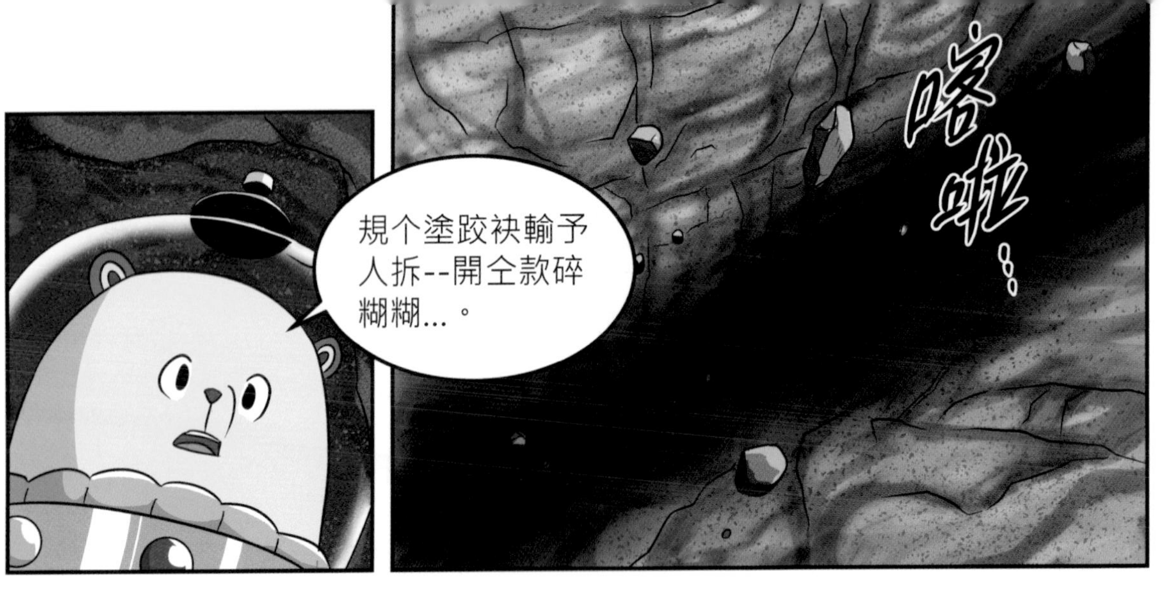
規个塗跤袂輸予
人拆--開仝款碎
糊糊…。
喀啦…

地母神咧受氣？！
這…是地母神
咧受氣矣…。

彼是嗚帕魯帕人
對斷層地動的講法。

原來會地動，
上大的一个因
素是斷層啊！
欸？斷層是
按怎產生的啊？

阿德你共想看覓，若是共板塊看做一个真大的石磨仔心，
?
若是兩爿攏拚命櫼(tsinn)向中央，會發生啥物代誌？

會...變形、噗龜(phok-ku)然後闔必開，著否？
無毋著。

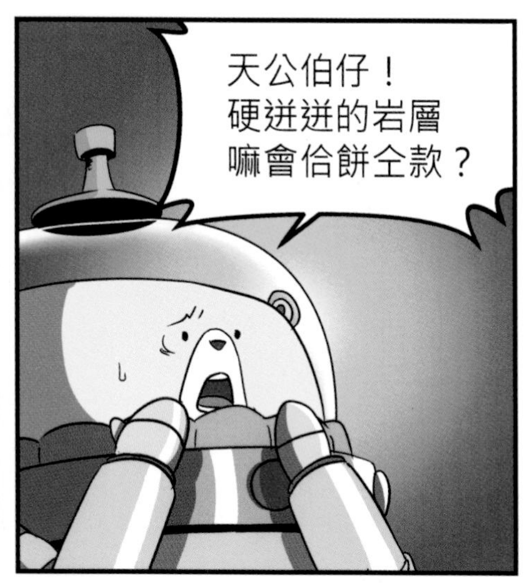
天公伯仔！
硬迸迸的岩層
嘛會佮餅仝款？

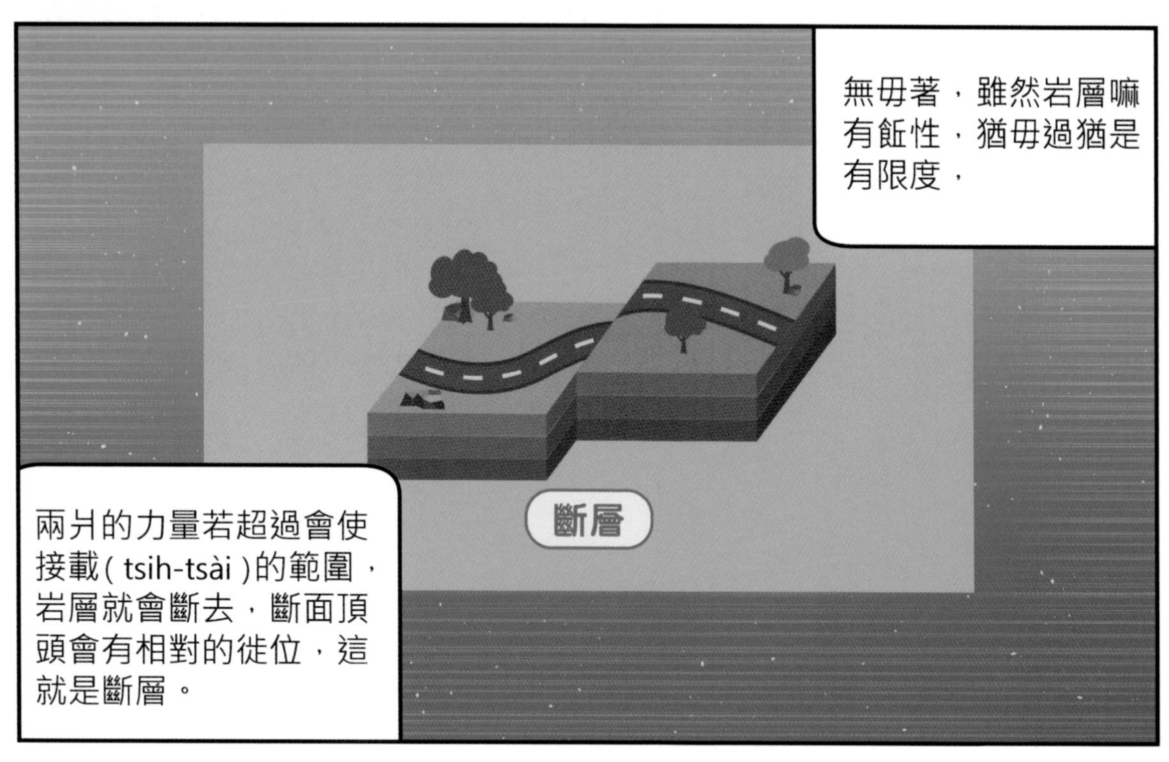
無毋著，雖然岩層嘛有飫性，猶毋過猶是有限度，
斷層
兩爿的力量若超過會使接載(tsih-tsài)的範圍，岩層就會斷去，斷面頂頭會有相對的徙位，這就是斷層。

猶毋過因為斷層徙振動，致使邊仔的岩壁佇仝一个年代的岩層紋路無相連紲。
岩層紋路不連續
所以斷層切面幾若層無仝深淺的色緻，就是代表無仝年代的塗。

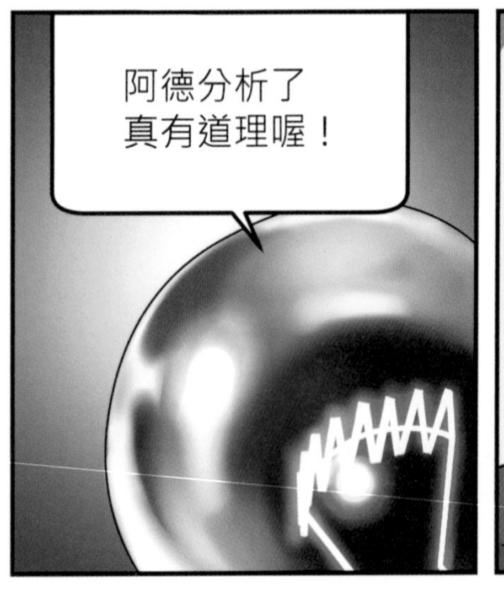
阿德分析了真有道理喔！

我知影矣，按呢一霎仔久的力量傳去到地面，就會發生大地動。

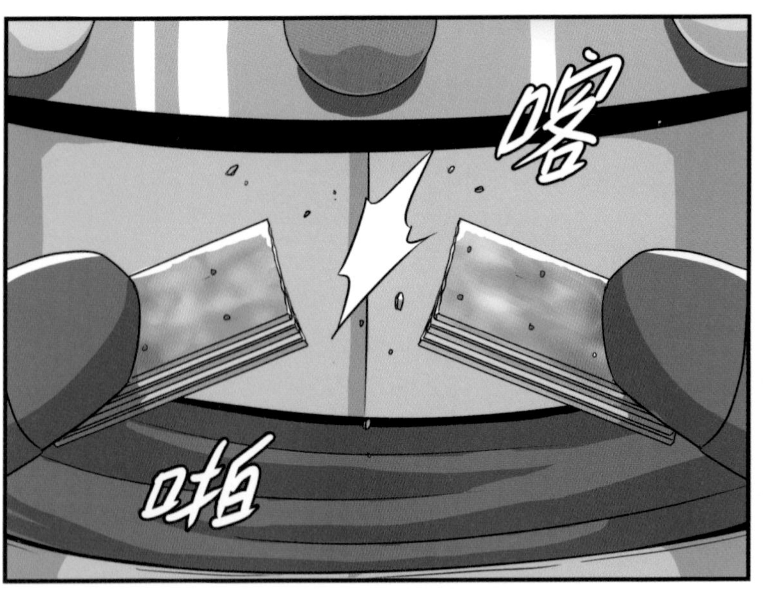
喀
啪

嗡⋯
拉雅，你是按怎共頭炭起來？
做伙食物件歇睏一下嘛？

毋免，火山活動的時陣會噴足濟水蒸氣、二氧化碳、硫抑是二氧化硫等。
欶著會中毒、無法度喘氣，這馬洞穴內底遮的氣體較厚，我建議恁嘛隨共頭崁起來。

小鬼仔毋捌見過大豬頭，嗚帕帕佇遮生活嘛是活跳跳。
行遮爾久，腹肚枵，頭崁起來是欲按怎食餅？

嗚帕魯帕人的體質佮咱無仝，in會當生存佇溫度真懸款的環境，
而且需要火山這搭的氣體才會當代謝，猶毋過遮的氣體對咱來講是有毒的！

恁講袂聽，到時莫怪我無共恁警告喔！

拉
嗚帕帕？
嗚帕帕。

拄才地動的力量足恐怖的，進前因為火山爆發的地動敢若無遮厲害啊？

恁遮的外星人實在是「菜頭毋知摠(tsáng)」。

遮是板塊相交接的所在，所以這个地區，可能會有活動斷層帶。

菜燕斷層!
敢會當配餅食?

噴發中的
活火山
暫停噴發的
休火山
死火山
就親像火山有分做：活火山、休眠(hiu-biân)火山佮死火山全款，
有的斷層已經真久無發生岩層徙位，

啊若活動斷層，就是咧講過去一段時間內有咧活動的斷層。
活動斷層
活動斷層

地動可能是舊斷層又閣活動，或者是新產生的斷層，而且附近的斷層嘛有可能受影響閣發起來。

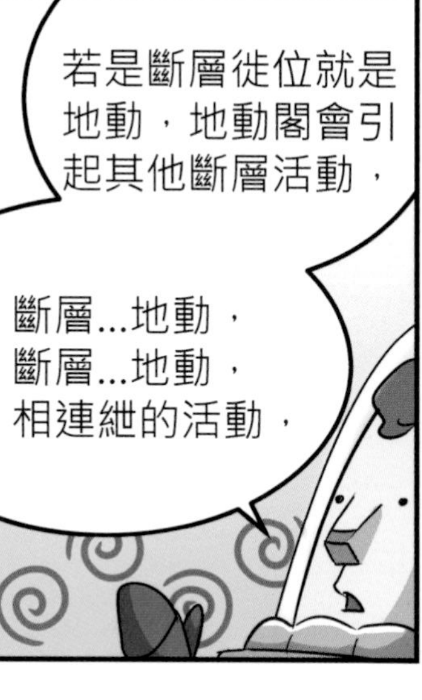
若是斷層徙位就是地動，地動閣會引起其他斷層活動，
斷層...地動，
斷層...地動，
相連紲的活動，

咱這馬的處境（ tshú-kíng ）毋著足危險的？

咱這馬嘛無法度過去對面矣...

嗚帕～嗚帕帕帕帕！

彼...敢是嗚帕帕的族人？

嗚帕帕，阮揣著你的同伴矣！

緊入來！小王子袂用得交予in！
嗶

啪

騎士拉雅！
照計畫行！
行！
是!

啥物情形？
凍霜阿伯你欲創啥啦？

嗚嗚嗚！嗚帕帕嗚帕！
嗚帕嗚帕帕！
生氣的嗚帕魯帕人一直大聲喝閣擲武器，阿盧佮妮妮兇兇狂狂毋知按怎應付。

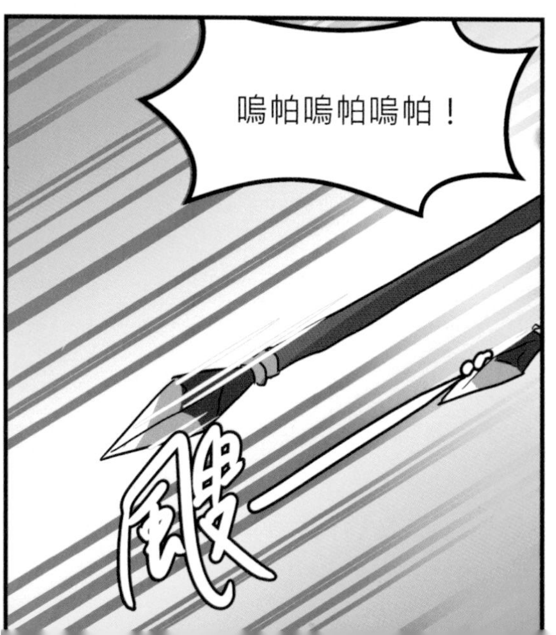
嗚帕嗚帕嗚帕！
颼—

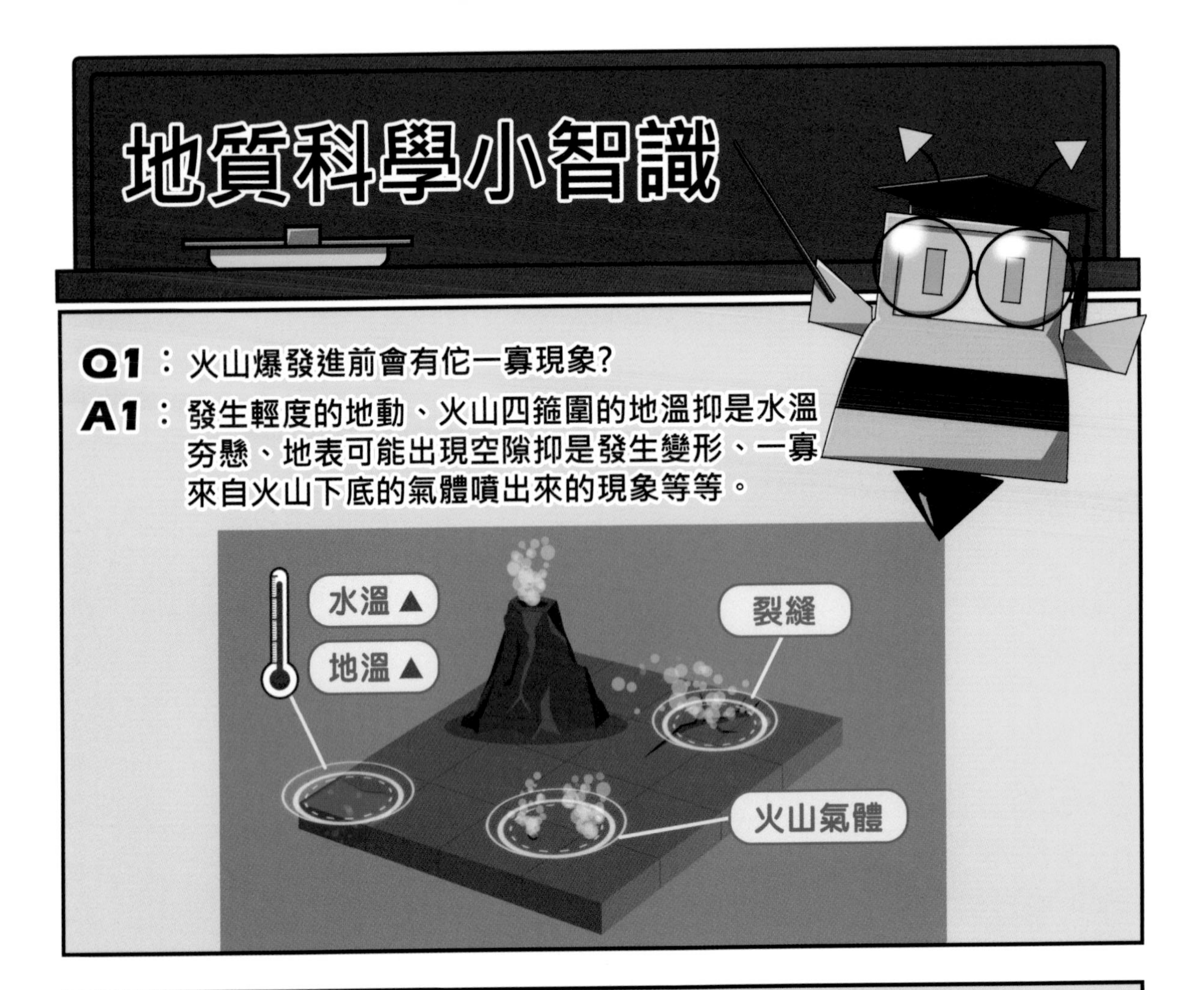

地質科學小智識

Q1：火山爆發進前會有佗一寡現象?

A1：發生輕度的地動、火山四箍圍的地溫抑是水溫夯懸、地表可能出現空隙抑是發生變形、一寡來自火山下底的氣體噴出來的現象等等。

Q2：啥物是斷層?

A2：板塊兩爿向中間挨䩡，當力量超過會當承受的程度，岩層就會斷裂，面上產生相對徙位。

Q3：火山活動的時會噴發佗一寡氣體?

A3：火山活動的時會噴發帶出大量的水氣、二氧化碳、硫抑是二氧化硫等等。

第六話　騎士拉雅的覺醒

為欲救援予人掠去的小王子，阿盧佮妮妮佇洞內逐拉雅佮伊歐將軍，敕入過量的二氧化碳，自按呢倒佇塗跤。當熊星人對昏迷中驚醒，發現拉雅當咧看in——

地動測量

QRCODE
台語有聲故事

每一个故事開始掃QRcode
就會當聽著台語有聲故事

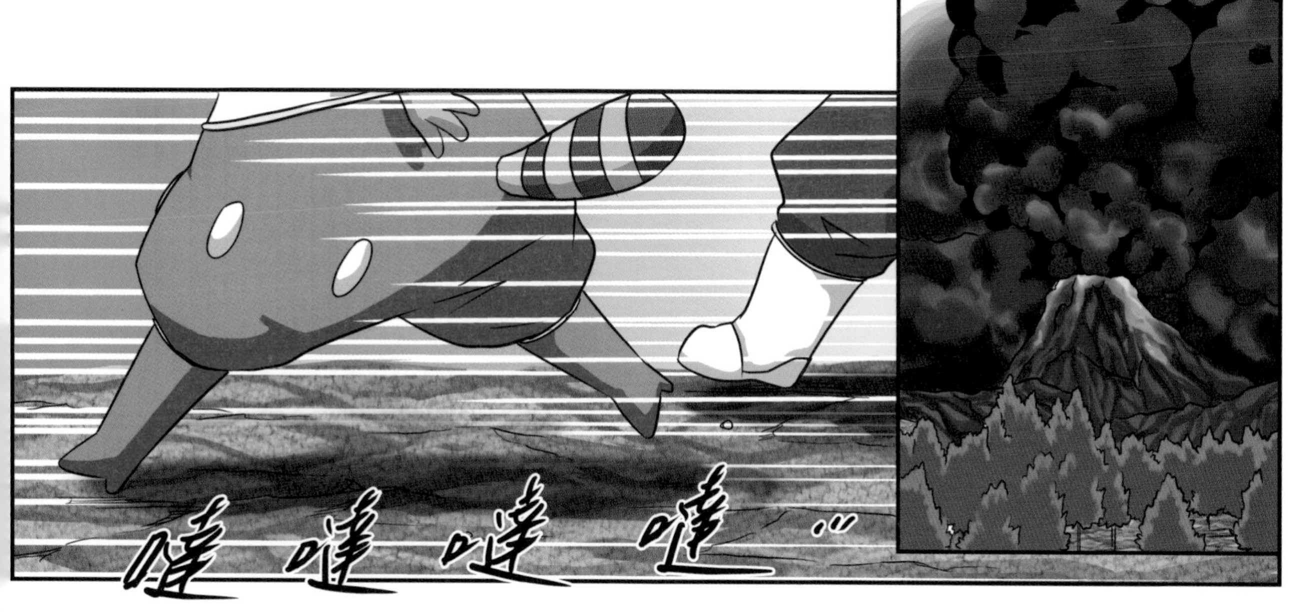
噠 噠 噠 噠…

害矣，
遮無路矣～
噠！

凍霜阿伯，你
這馬到底咧創啥？
呼
呼
呼
阿盧佮妮妮對伊歐將軍
in一路走來洞穴的終點。

恁...恁真正欲
害阮王國？

恁...到底有啥物
代誌咧瞞隱阮？
哪會叫伊
小王子？
呼－

將軍佮我奉命炁特遣隊
來法爾星，來這座島做
前期的調查，
這座火山是嗚帕魯帕
人的聖山，所以...in
一直咧阻擋阮。

佇一改探勘的行動
當中，阮拄著火山
爆裂式噴發。

無毋著！
阮佮其他的特遣隊
員姑不將愛分開，
而且失去聯絡，
最後干焦
阮走出來，

in應該...
曲去矣...。

等...等neh！
你講曲去是
啥物意思！？
呼－
呼－

呼姆...，當然是
予可惡的嗚帕魯
帕人攻擊啊！

嗚帕帕是嗚帕魯帕人的小王子，為著逼嗚帕魯帕人佮阮合作...
嗯？！遮佮嗚帕帕有啥物關係啊？

按呢毋著啊！
哪會當用逼的！

恁...一開始就按算欲利用阮猶閣嗚帕帕！

恁遮的外星人是捌啥！
聯合王國的國民攏咧向望會當揣著能源，解救國家的危機！

已經敕入去閣較濟的二氧化碳矣。
哼！看起來恁一路追來，
咚！
咚！

恁...
嗚帕帕...，
阿盧...。
咚！
...嗚帕帕...，
妮...妮。

騎士拉雅，共
小王子焄咧，
咱來走!!

欸？小等咧！
阿公，咱著按
呢共in擲佇遮
毋管是無？
嗚帕！
嗚帕！

騎士拉雅！咱上
重要的任務是得
著地熱能，
無氣力去管遐的
外星人矣！
行！
是...

提出來

丟—

噠
啪

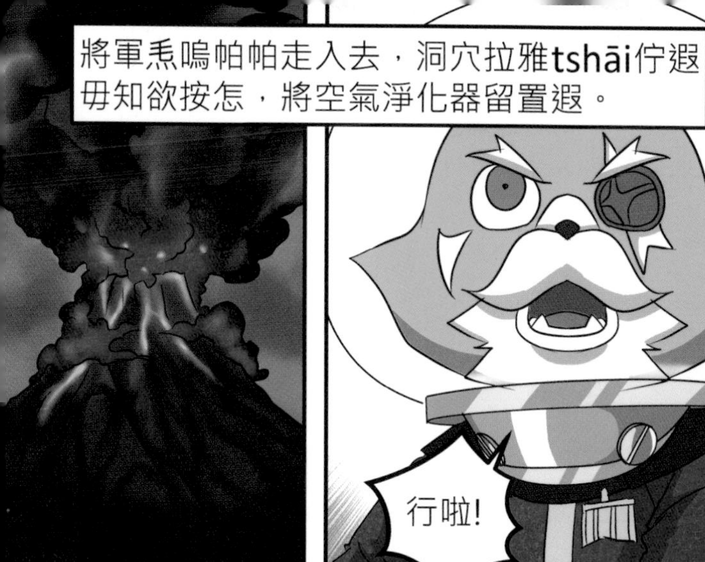
將軍炁嗚帕帕走入去，洞穴拉雅tshāi佇遐毋知欲按怎，將空氣淨化器留置遐。

阿公
我感覺...。
莫閣講矣！你只要發落按怎共王國交代予咱的任務完成就好矣！
行啦!

將軍！
小王子看起來足忝的...，抑若無，咱先歇睏一下，

紲落來欲佮嗚帕魯帕人談判矣，到時小王子身體狀況若是無好，嘛是一个問題。

無，好啦，
咱就小歇睏一下！
嗯

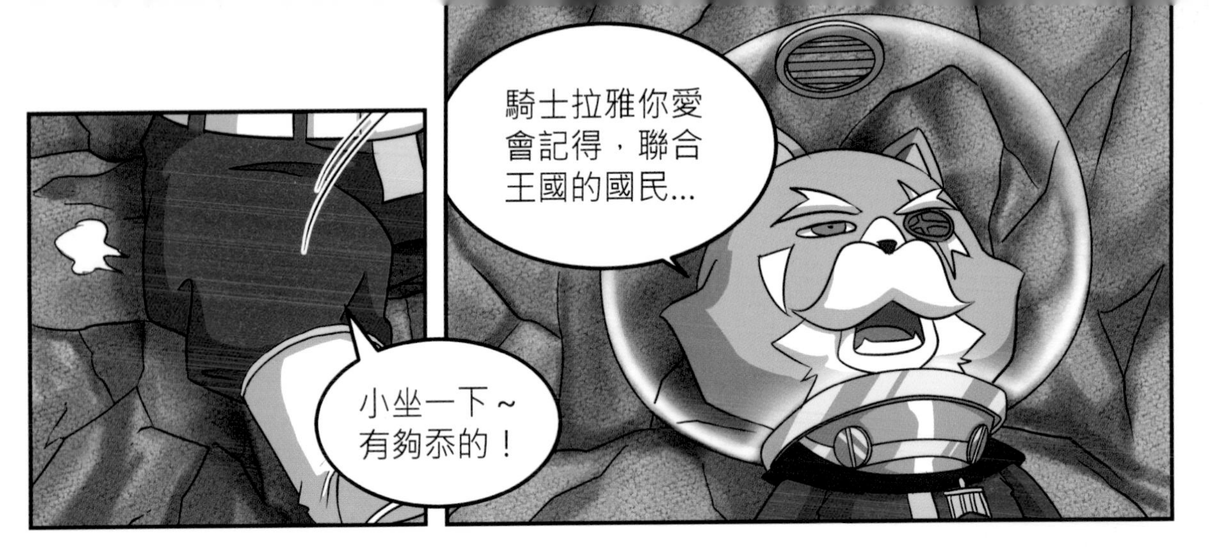
騎士拉雅你愛
會記得，聯合
王國的國民...
小坐一下～
有夠忝的！

Z
Z
Z

嗚帕...

嗚帕嗚帕。

小王子...。

拉雅想著一路佮熊星人互相鬥相共的各種回憶，
所以下定決心欲放走小王子，趁伊歐將軍盹龜的
時陣，拉雅緊悉嗚帕帕離開。

綴我行！
嗚帕嗚帕，
嗚帕帕

小王子
嗚帕

地動閣來矣!
轟隆

咱熊星無地動，所以咱無測量的標準。
地動是法爾星正常能量的敨放，
猶毋過不時有地動的地球人有一套擤節地動的標準，in叫做規模佮震度。

7.5
7
6
5
4
3
2
1
規模
根據資料庫的講法，規模是用來劃分地動釋放能量的度量，
震度是佮地動的規模佮距離有關係。

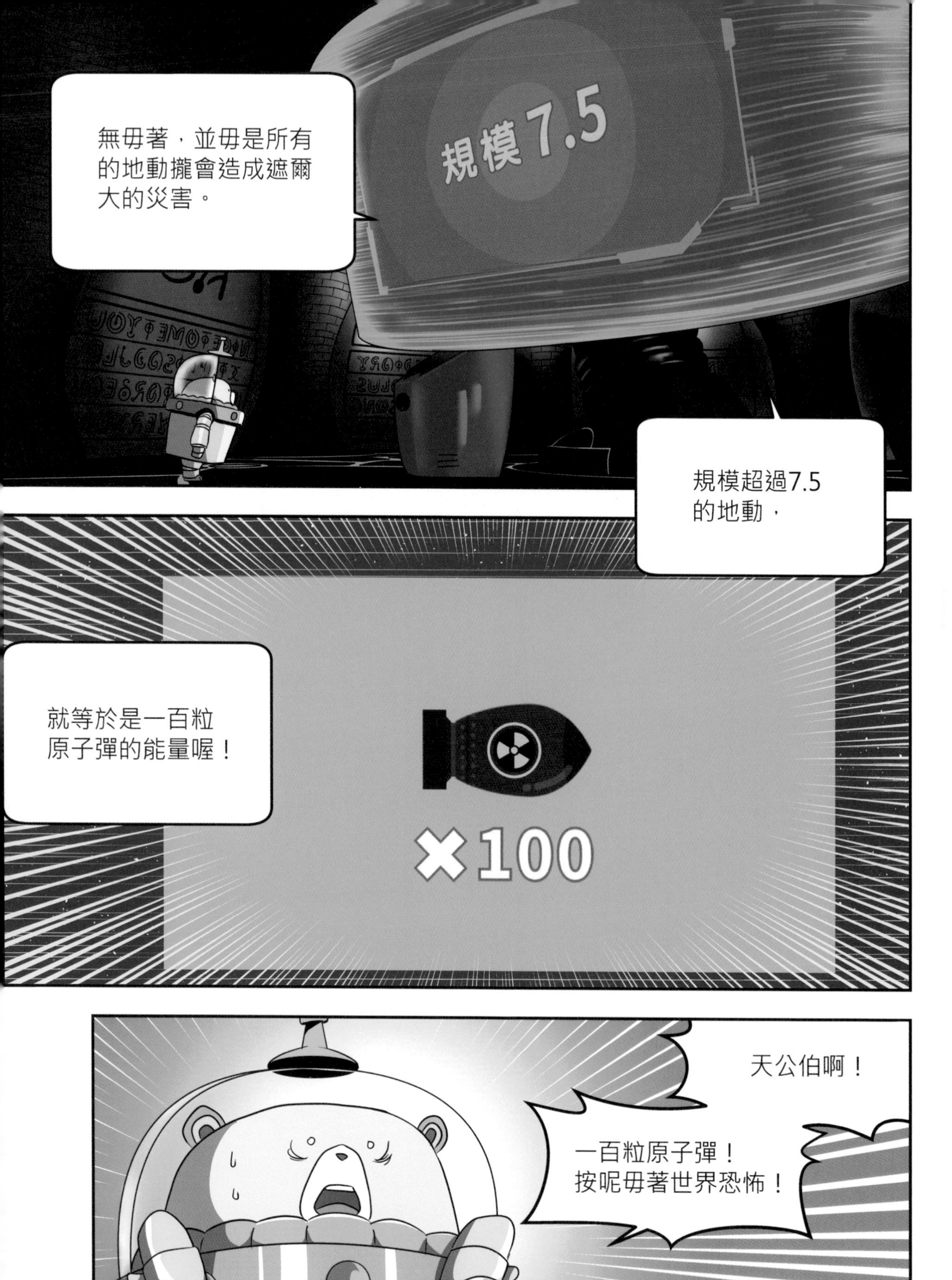
規模7.5
無毋著，並毋是所有的地動攏會造成遮爾大的災害。
規模超過7.5的地動，
就等於是一百粒原子彈的能量喔！
×100
天公伯啊！
一百粒原子彈！按呢毋著世界恐怖！

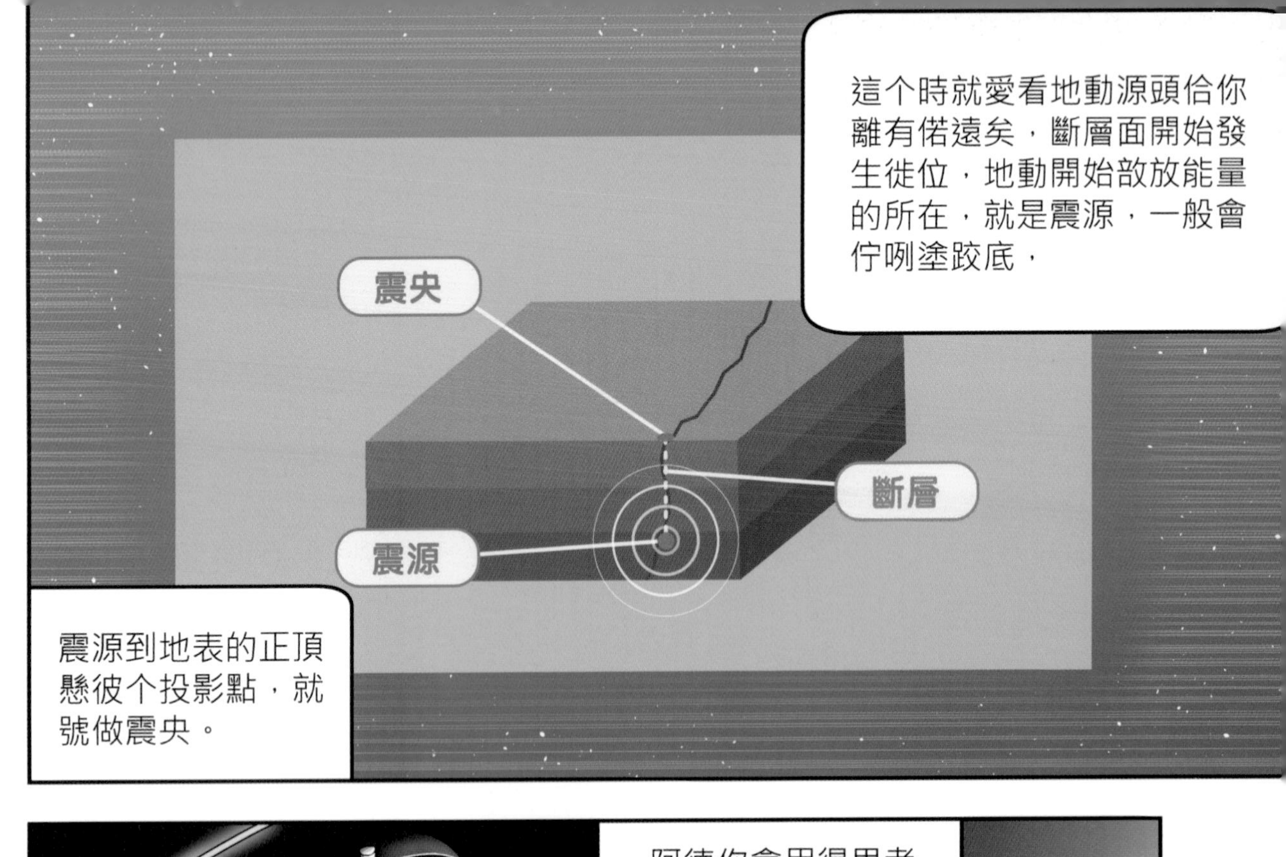
這个時就愛看地動源頭佮你離有偌遠矣，斷層面開始發生徙位，地動開始敨放能量的所在，就是震源，一般會伫咧塗跤底，
震央
斷層
震源
震源到地表的正頂懸彼个投影點，就號做震央。

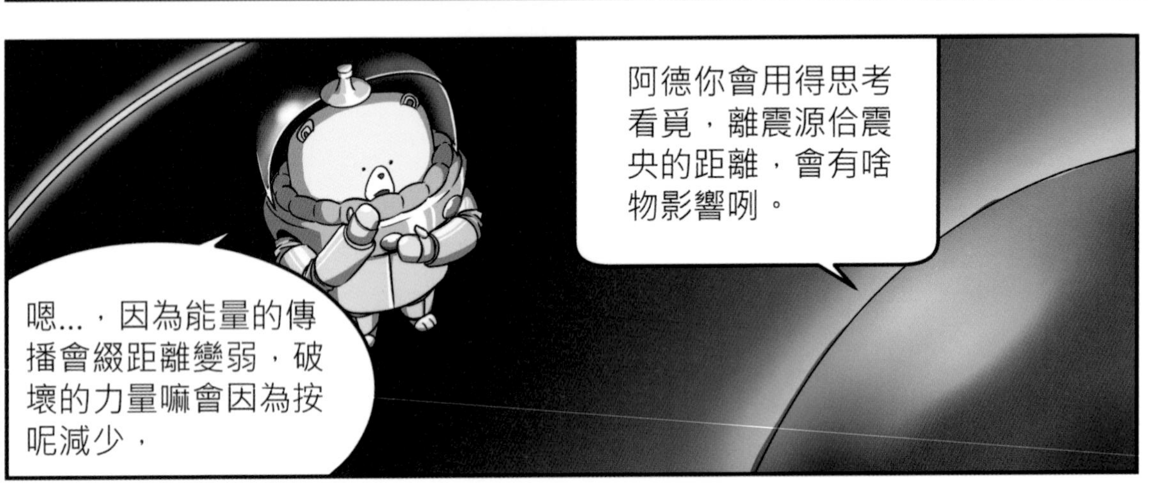
阿德你會用得思考看覓，離震源佮震央的距離，會有啥物影響咧。
嗯...，因為能量的傳播會綴距離變弱，破壞的力量嘛會因為按呢減少，

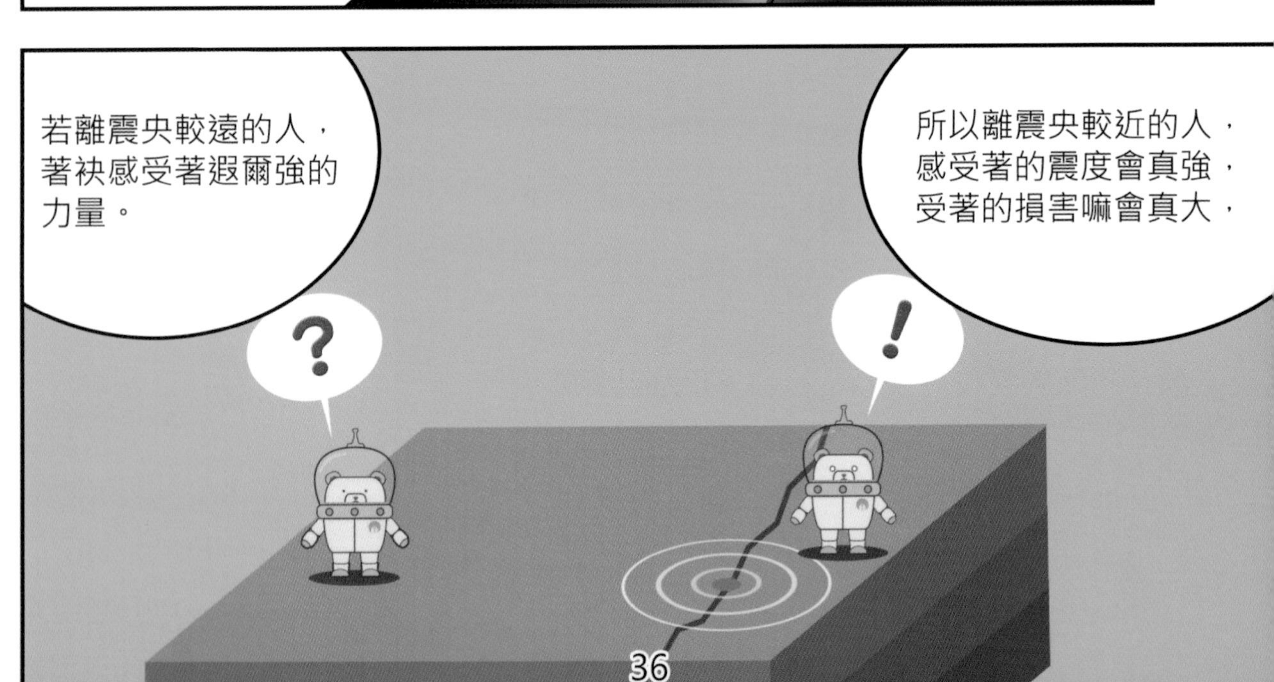
所以離震央較近的人，感受著的震度會真強，受著的損害嘛會真大，
若離震央較遠的人，著袂感受著遐爾強的力量。
?
!

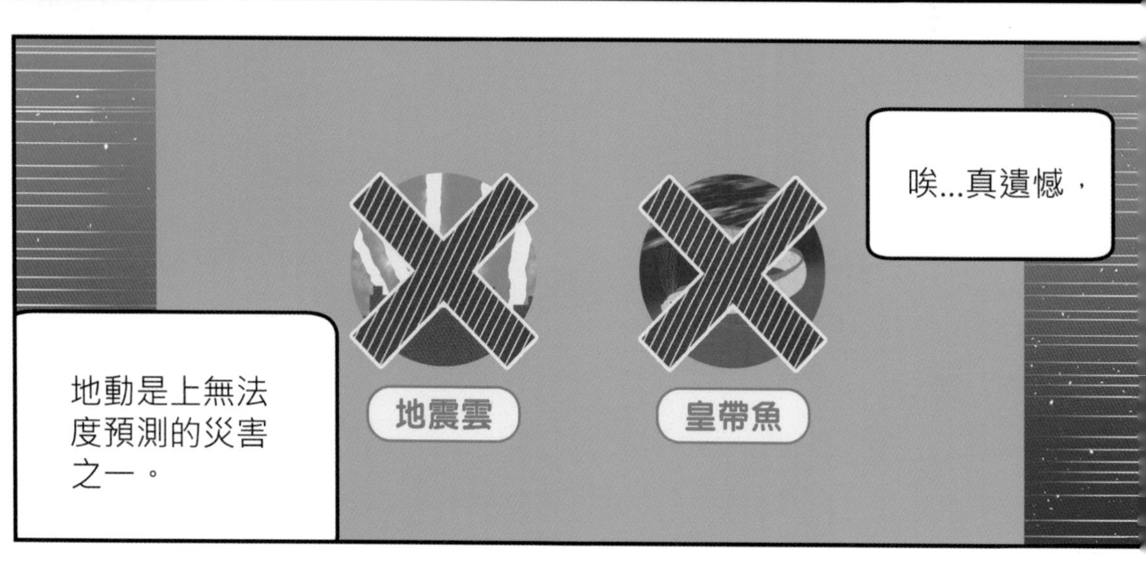

主震

猶毋過，若是發生真強的大地動，一般會有幾若个大大細細的餘震綴咧發生。

規模 9 8 7 6

地震深度 (公里)

0 25 50 100 200 400 800

我拄才夢著天頂
有足濟閃閃爍的
天星，敢若咧佮
我擛手呢！

好佳哉！
恁清醒矣！
拉雅...？

拉雅...
著！
嗚帕帕呢？
阿盧離伊較
遠咧！伊反
背咱矣！
緊共嗚帕帕
還阮！

嗚帕帕！
嗚帕！

你！離阮
較遠咧！
雖然你共阮救，猶
毋過阮袂予恁提嗚
帕帕做人質去威脅
伊的族人！

我...！

拉雅恁按
呢做毋著！
阮愛焉嗚帕帕轉去
伊的族人的身邊！

我知影按呢做無合
騎士的精神，我...
我會焉恁離開
這个洞穴！

阮毋免你
鬥相共！

咱緊來走！
凍霜阿伯敢若
追過來矣呢。
騎士拉雅...！
你到底是走
去佗位矣...！

行這爿！

佇彼爿啊？
拿出
莫走！

咻—

砰
砰
砰

總算予我追
著矣...！
騎士拉雅！叫遐
的鎮地熊星人閃
開！趕緊共小王
子掠過來！

將軍...阿公...
我...

你猶閣咧躊
躇啥物！
阿公，拜託，
放in煞...。

你竟然敢
反抗命令，
你按呢敢算
是聯合王國
的騎士！？

你用人質威脅
別人，袂有啥
物好結果！
阿公！請你莫
閣倚過來矣！

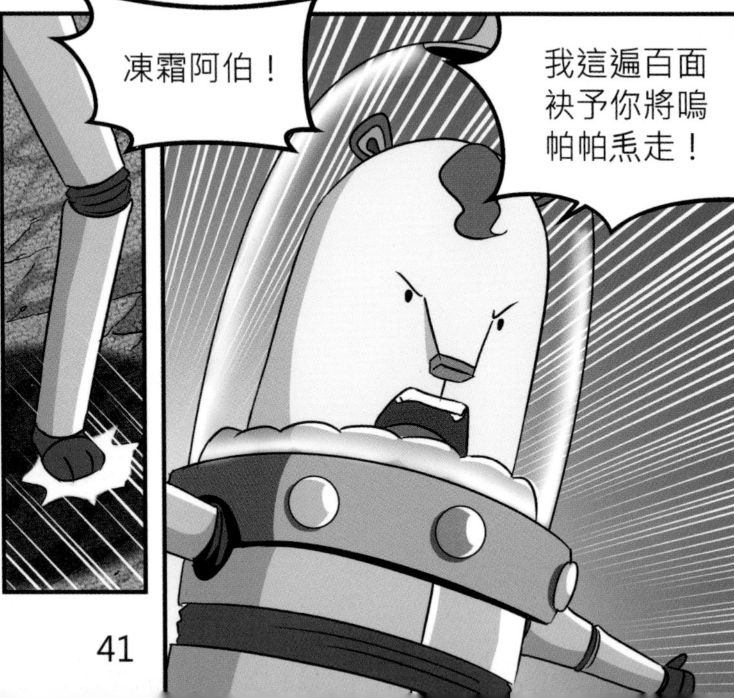
凍霜阿伯！
我這遍百面
袂予你將嗚
帕帕焉走！

這是你逼我的...！

吼吼吼吼吼

洞穴欲崩矣！
轟
轟
逐家緊走！

喀
啦

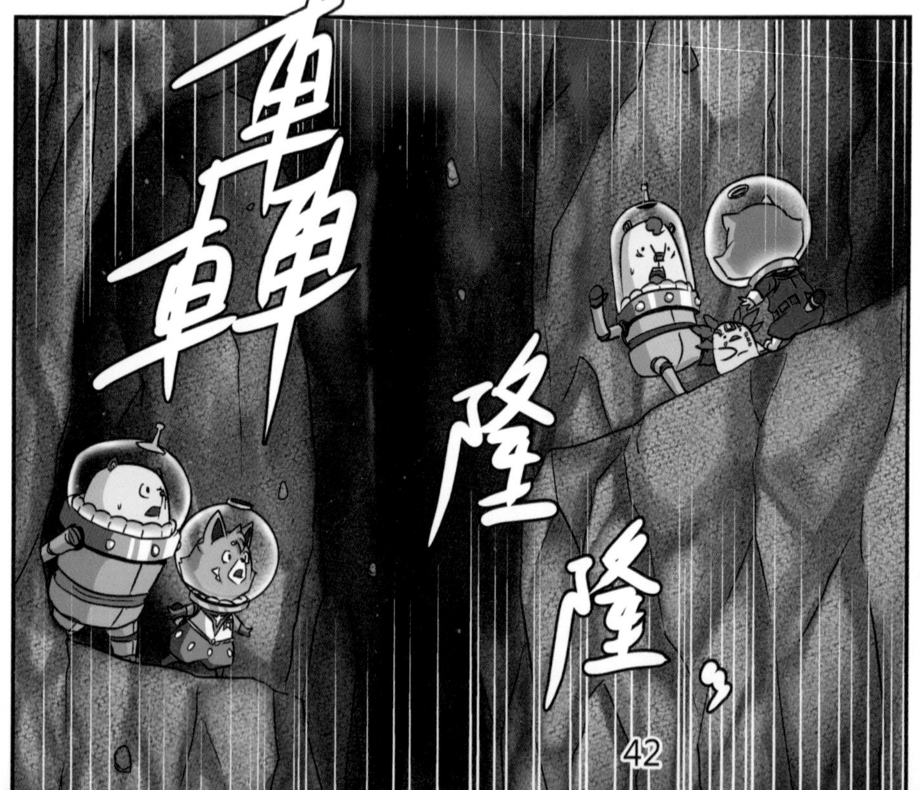
轟
轟
隆
隆

細膩！

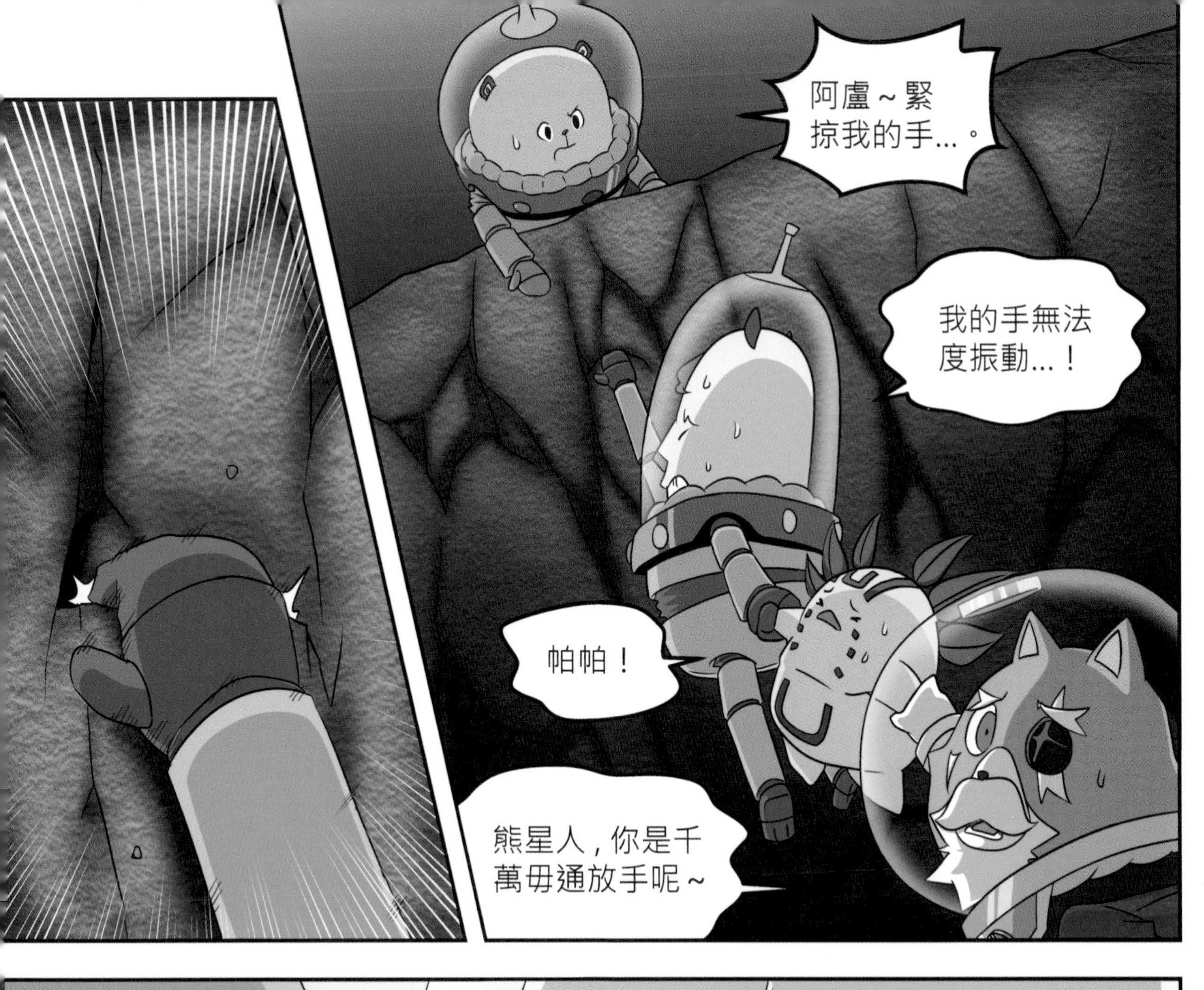

阿盧~緊
掠我的手...。
我的手無法
度振動...！
帕帕！
熊星人，你是千
萬毋通放手呢~

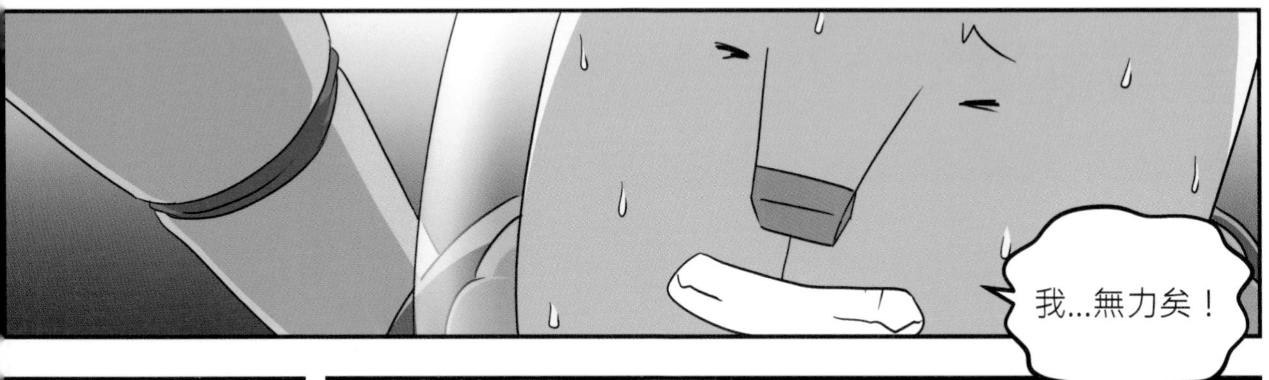

我...無力矣！

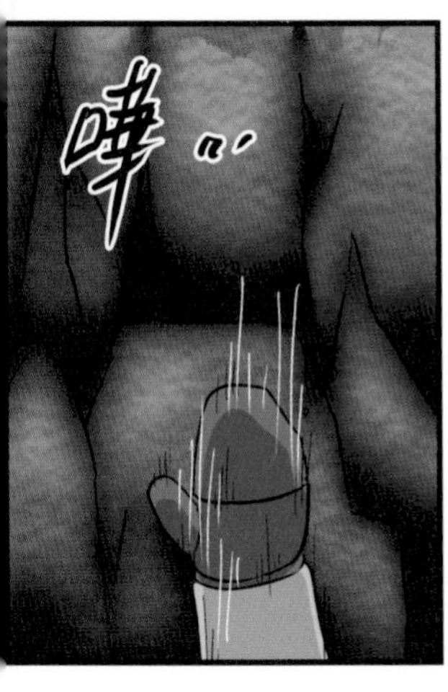

嘩...

阿公...
阿盧...
嗚帕帕

欲按怎，
欲按怎...，
阿盧，嗚帕帕

妮妮
你欲創啥！

你無看著in
跋落去矣！
我欲去救in啊！

妮妮你較
冷靜咧！
我嘛想欲救in，
猶毋過這馬一直
有餘震，傷危險
矣！
咱先離開遮，才
閣做伙想辦法合
作救人！

代誌會變按呢，
攏嘛恁害的，這
馬閣愛我佮你做
伙合作？
我才袂閣相
信你矣！

真失禮共恁牽入來，毋
管你有相信無，這馬你
嘛只會當佮我合作，

猶若無，一个人無法
度共阿盧in救出來的！

可惡～

阿盧.. 嗚帕帕...
恁千萬愛平安
順序...！
妮妮佮拉雅干若會當先離開，
找揣其他方式救援。

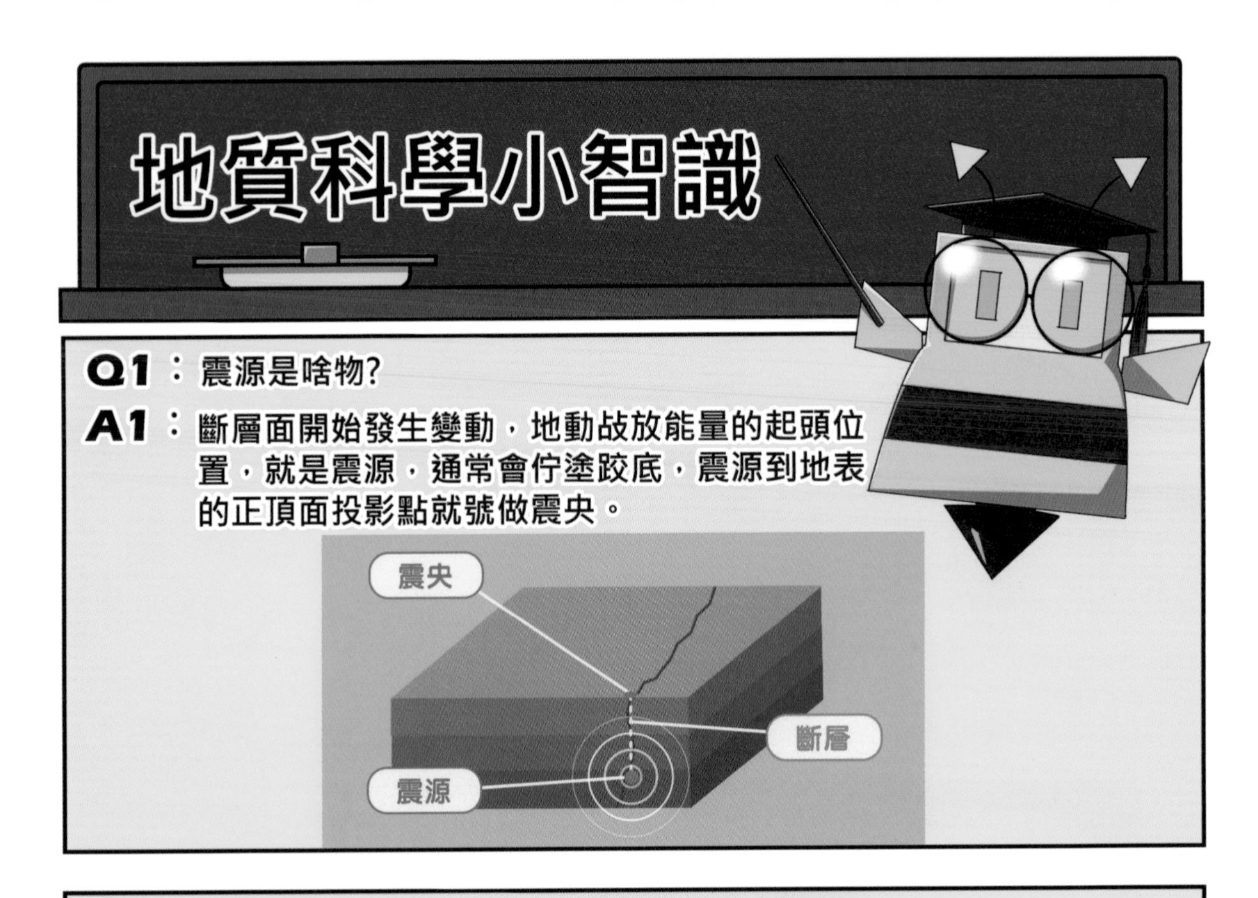

地質科學小智識

Q1：震源是啥物?

A1：斷層面開始發生變動，地動战放能量的起頭位置，就是震源，通常會佇塗跤底，震源到地表的正頂面投影點就號做震央。

Q2：衡量地動大細的標準號做規模佮震度，這兩項之間有啥物關聯?

A2：規模是劃分地動敨放的能量度量，震度會佮地動的規模和距離有關係。

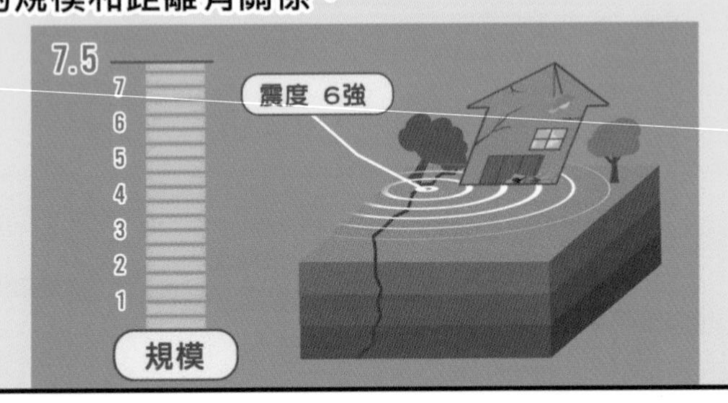

Q3：距離、震度佮震央有啥物關聯性?

A3：能量的傳播會綴距離衰減，破壞力會綴咧減少，所致仝一个規模的震度，離震央距離愈遠的所在，震度會綴咧降低。

第七話　探遺隊的最後訊息

輾落斷層的伊歐將軍、阿盧佮嗚帕帕行入一个曠闊的洞穴，發現洞穴內底有一台廢棄的潛盾機，將軍進入駕駛艙閣拍開面枋，特遺隊留落最後訊息，畫面嘛綴能源用完來消失……

地熱資源的類型。地熱三要素

QRCODE
台語有聲故事

每一个故事開始掃QRcode
就會當聽著台語有聲故事

阿盧～
緊掠我的手。

我的手無法
度振動矣...！
熊星人，你是千萬
毋通放手呢！

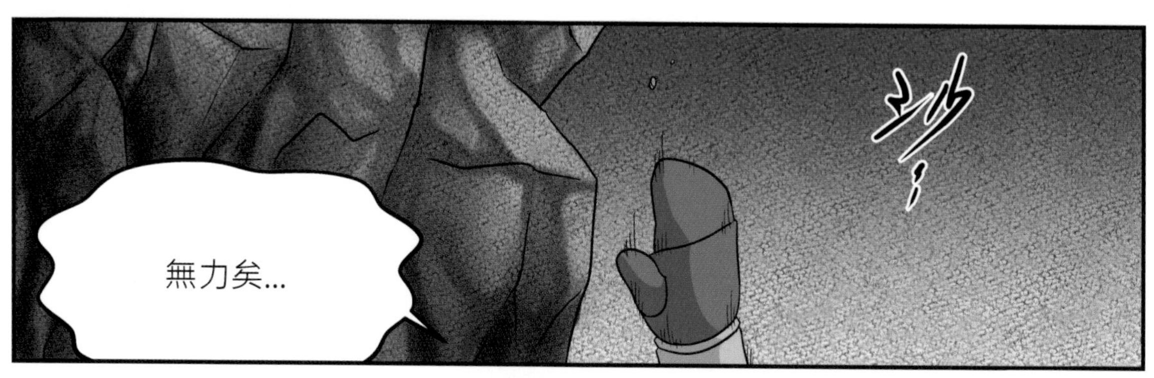
無力矣...

伸勼自由的嗚帕帕變做大膨床，
拯救跋落斷層的阿盧佮伊歐將軍。
阿公！
阿盧，嗚帕帕！

變大!!
咚
咚

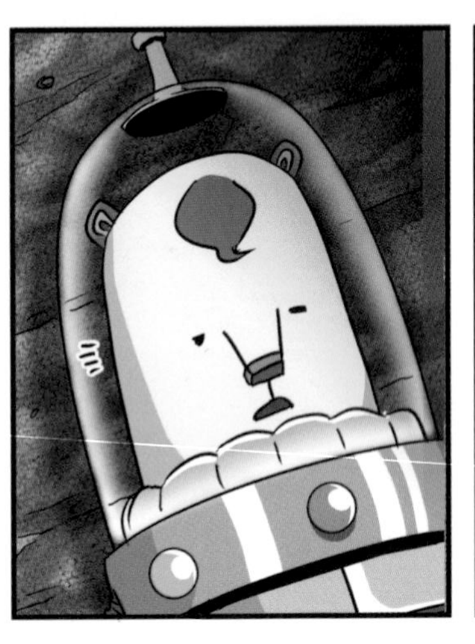

拄才干若捀著一頂大膨床呢，欸…遮是佗位…？
發生啥物代誌矣？
咱竟然無死？
坐起來
咻咻咻…
縮小

凍霜阿伯、嗚帕帕！恁無代誌乎？

嗚帕帕你敢有按怎？！
攏…你啦…
凍霜阿伯，佳哉你無代誌，

看起來咱因為斷層崩落，跋落來閣較深的洞穴矣。

遮實在傷過頭熱矣，而且遮閣足臭的...
咱猶是趕緊離開遮！我無想欲閣中毒矣！

隆
隆

閣是地動！哪會一直咧地動矣！

恁遮的外星人著是毋捌，大地動主震了後會發生餘震，這是意料中的代誌矣！

轟轟隆
啊～凍霜阿伯
你莫閣亂矣啦！
緊走啦！
噠 噠 噠 噠
隆
隆
阿伯細膩！
推
呼

足疼的！

這聲害矣

你啊...你這
个癮頭...，
竟然幫助你的
敵人，閣害家
己的跤受傷！

你閣罵我，
我閣救你一
擺呢！

噠噠…

嗚帕嗚帕...

嗚嗚嗚帕...
畫腳
嗚帕嗚嗚...
比手
嗚帕帕嗚...
佇洞穴內底的嗚帕魯帕人，著急找揣小王子。

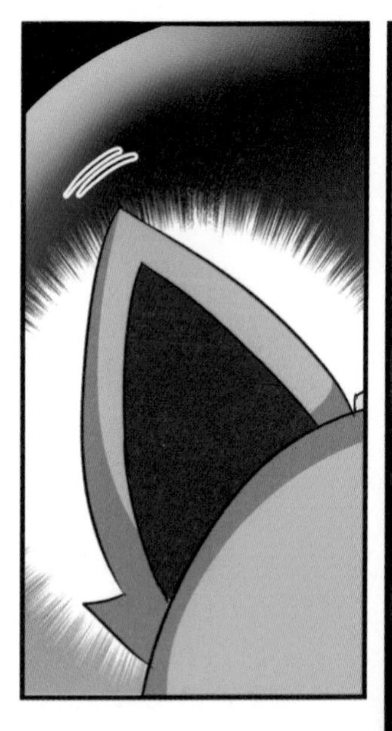

是嗚帕魯帕人的聲，應該離無偌遠矣...。

噠噠……

嘩啦啦……

拍開
消失

所以你這馬到底欲𤆬我去佗位啊？

我頂改𤆬隊探勘的時陣，有佇附近起一个營地，
無的確會當揣著一寡當初留落來的裝備，幫助咱，去共in進行救出來！

按呢較緊咧！
趁恁彼个臭將軍猶未將阿盧害死進前共in救出來！

左顧
右盼

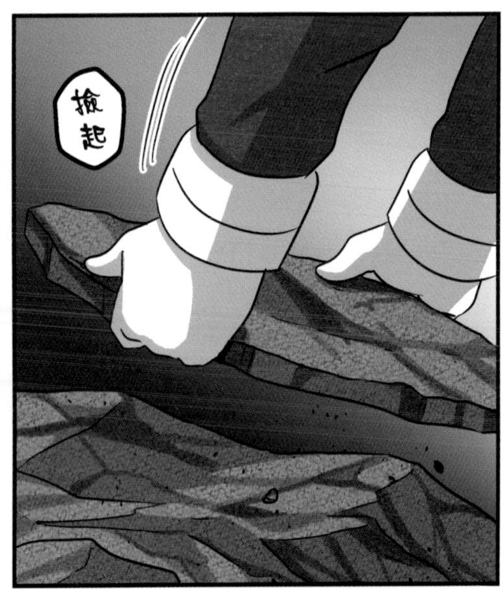
撿起

阿伯...你...
你欲創啥？

恁遮的外星人真正
是過頭茈(tsínn)！

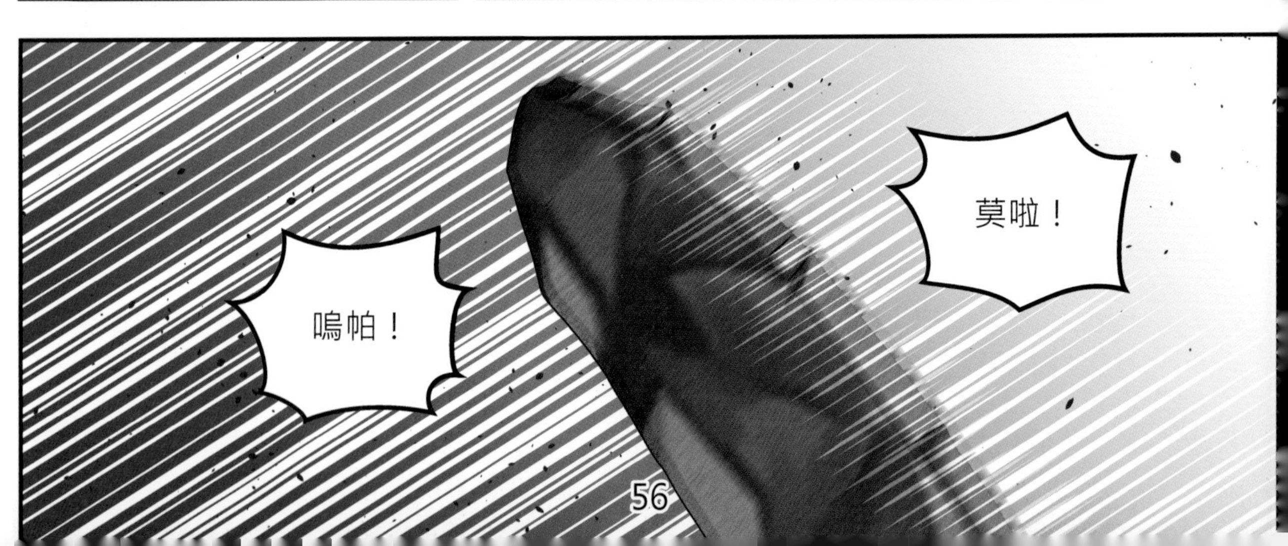
莫啦！
嗚帕！

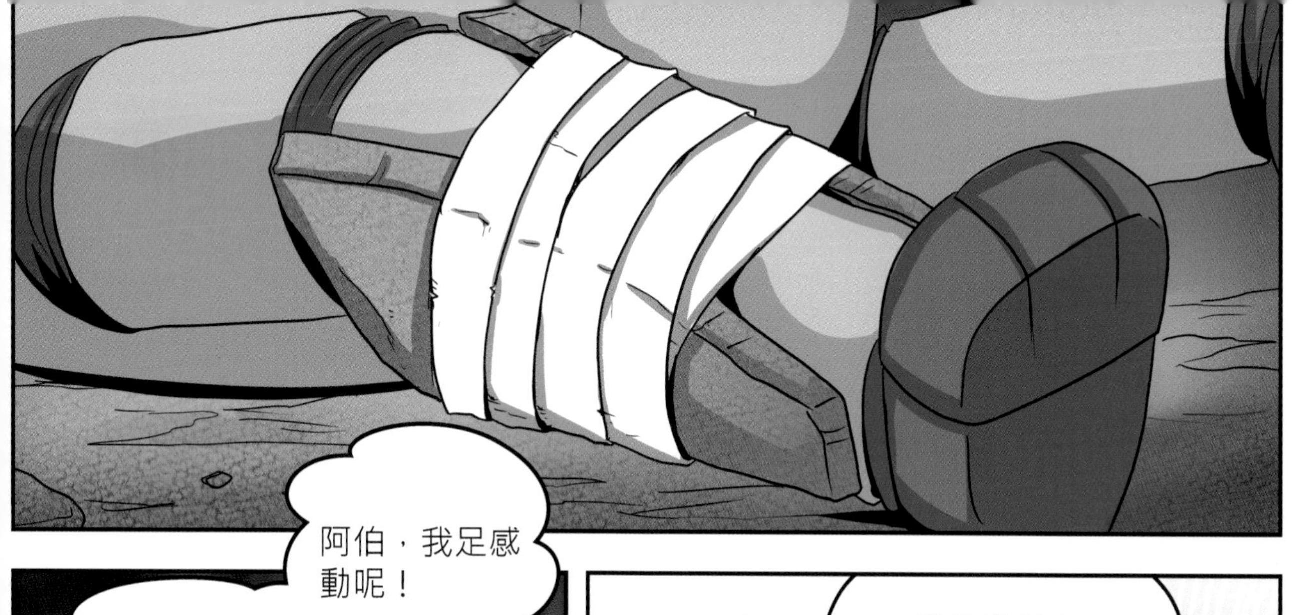

阿伯，我足感
動呢！

我叫是你會趁機會共
我揁昏去，共嗚帕帕
掠走，然後放我一个
人佇這个所在。
哎唷～有夠
麻煩的啦。

我承擔規个
王國的使命，
猶毋過看起來，恁
遮个熊星人嘛毋是
歹人。

阿伯，你有影
是一个好人！！
嗚帕帕！

咱這馬猶未
脫離危險，
趕緊行啦！

阿德，你真正欲去？

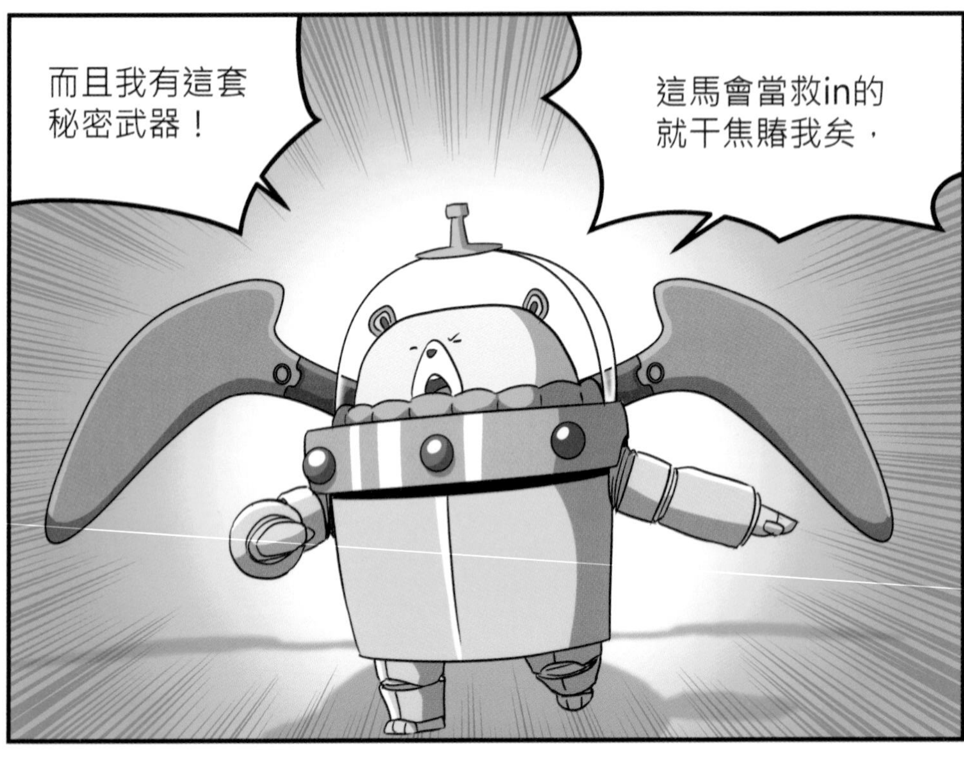
而且我有這套
秘密武器！
這馬會當救in的
就干焦賭我矣，

嗶嗶嗶，這套
飛行裝備無問
題乎？

會揣無路無？

敢愛替你紮便當？

火山島一定足熱，
你敢有紮水啊？

好啊，
我欲食便當~

天公伯啊！
我是去救人，
抑毋是去遠足。

Bee4，母船
就交予你矣，
我會共in平安
炁轉來！

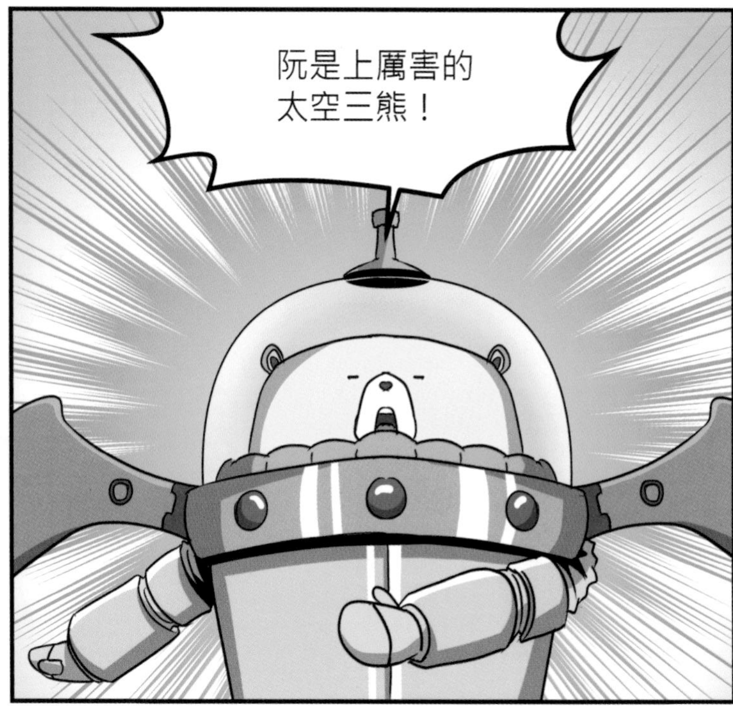
阮是上厲害的
太空三熊！

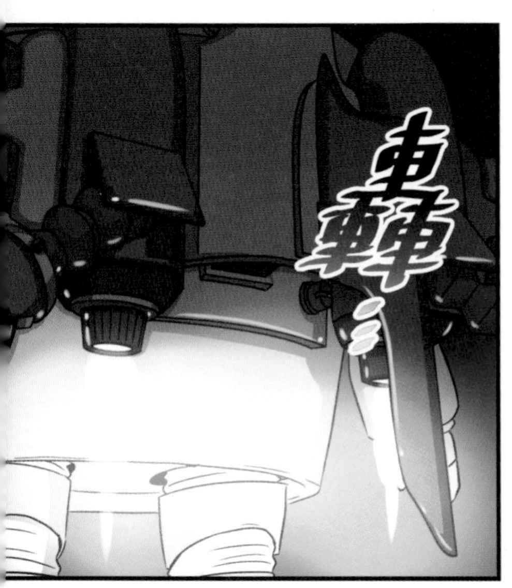

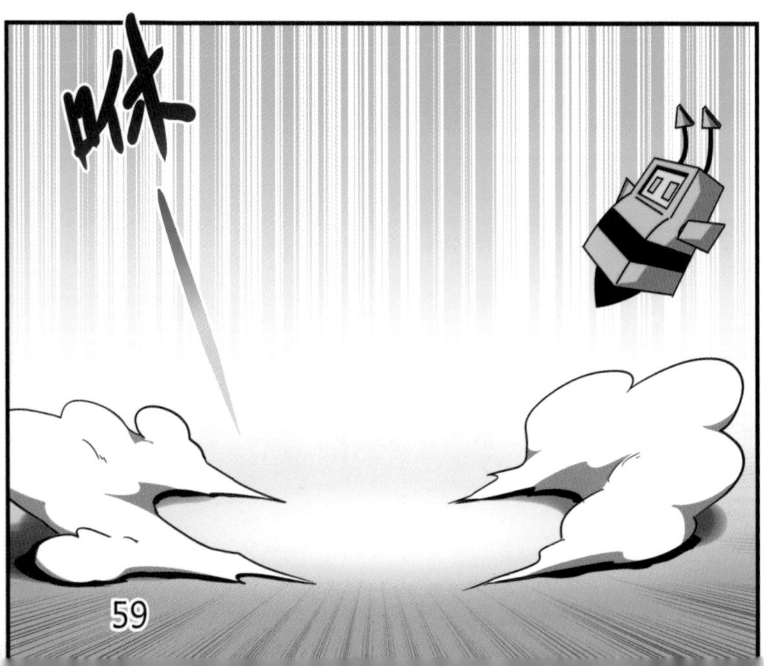
咻

咻——

敢有影袂有代誌？

噠噠…

總算揣著矣...遮的是特遣隊的裝備矣！

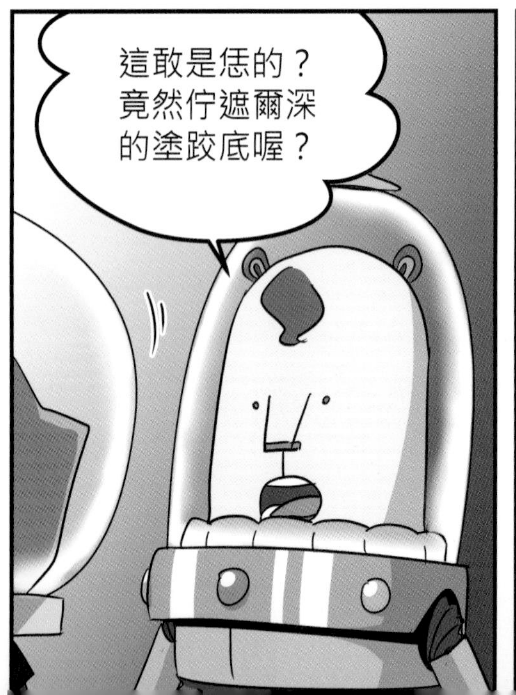
這敢是恁的？竟然佇遮爾深的塗跤底喔？

阮聯合王國的探勘技術是真先進的呢～
趕緊綴來啊！

嗡⋯⋯

噹
噹

特遣隊回報，咱欲探勘的地熱源，照無仝的熱液系統，會當分做火山型佮非火山型二種。
TUNNEL BORING MACHINE

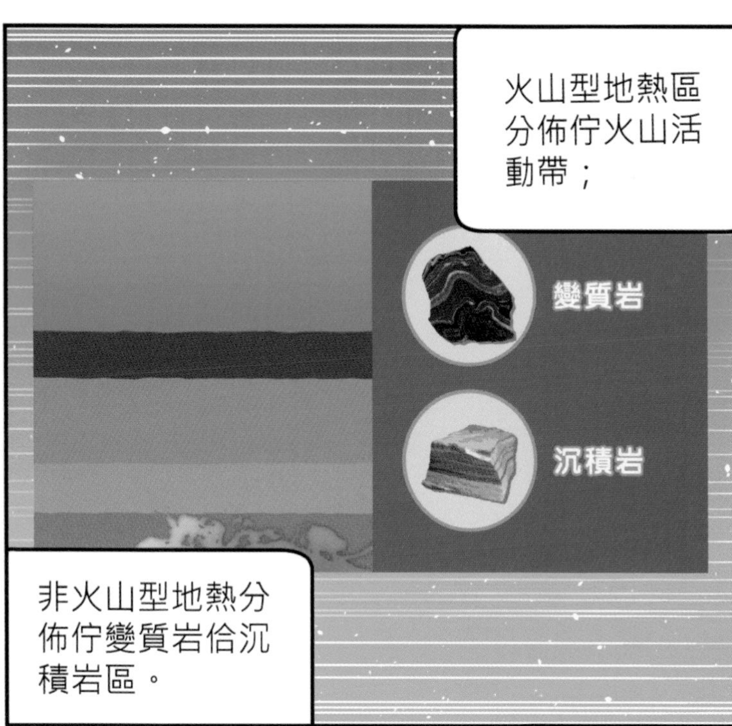
火山型地熱區分佈佇火山活動帶；
變質岩
沉積岩
非火山型地熱分佈佇變質岩佮沉積岩區。

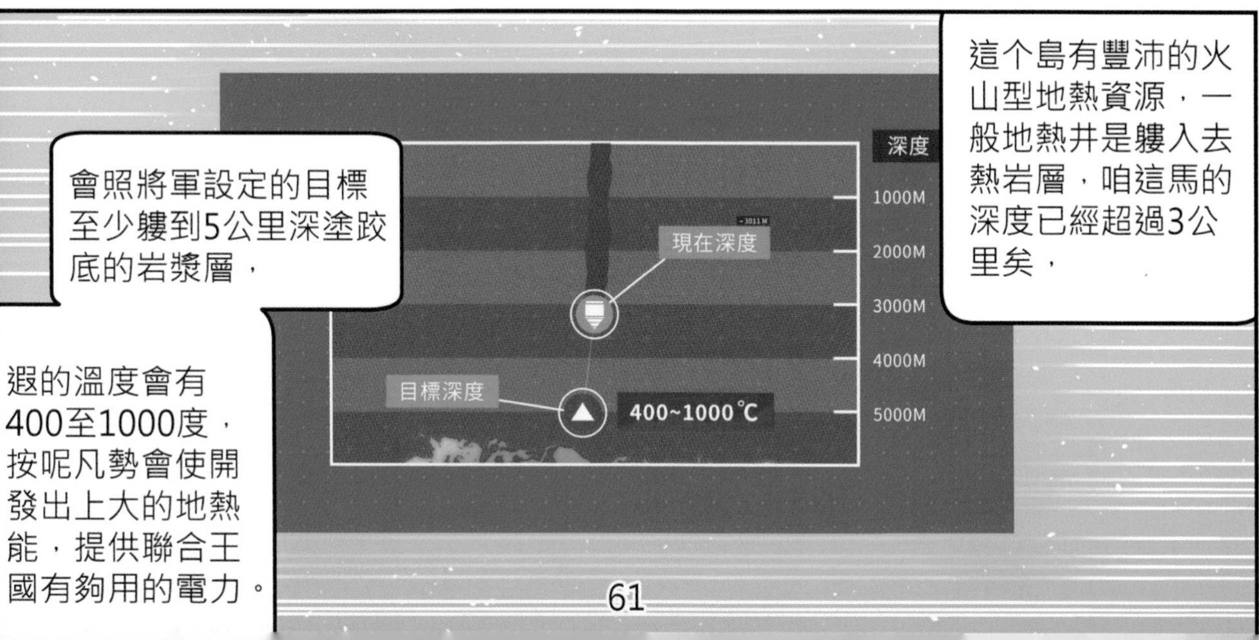
這个島有豐沛的火山型地熱資源，一般地熱井是鑿入去熱岩層，咱這馬的深度已經超過3公里矣，
會照將軍設定的目標至少鑿到5公里深塗跤底的岩漿層，
遐的溫度會有400至1000度，按呢凡勢會使開發出上大的地熱能，提供聯合王國有夠用的電力。
深度
1000M
2000M
3000M
4000M
5000M
現在深度
目標深度
400~1000℃

哦！婧喔阿伯！
按呢咱著通來轉矣~

熄滅⋯

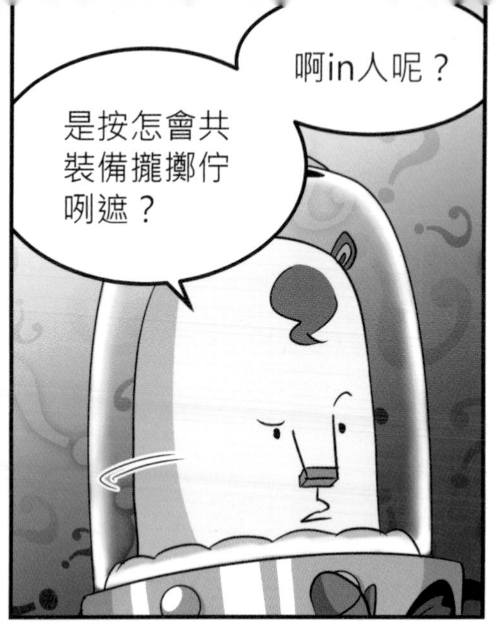
啊in人呢？
是按怎會共裝備攏擲佇咧遮？

這个影片是in最後才傳出來的...

潛盾機嘛擲佇咧遮，百面是予嗚帕魯帕人攻擊，
揣著矣！
塗跤有拖咧行的痕跡...，
然後乎in拖咧...拖咧...拖咧離開遮！！

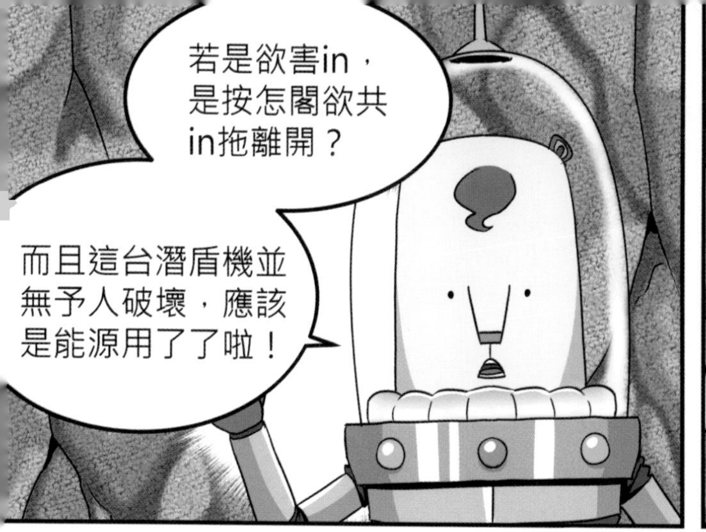
若是欲害in，是按怎閣欲共in拖離開？
而且這台潛盾機並無予人破壞，應該是能源用了了啦！

你毋免閣講矣！

特遣隊啊！
恁的勇敢犧牲我會記咧心內！

阿伯，你的理路我實在是想無呢！

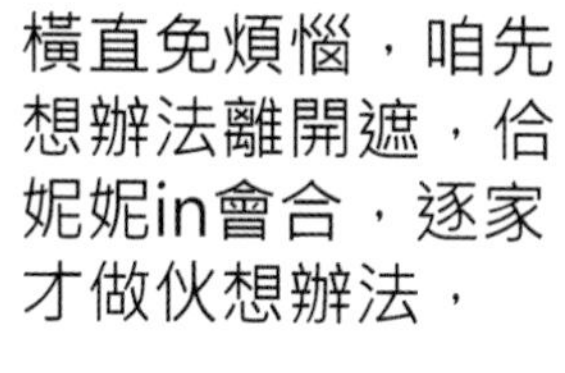
橫直免煩惱，咱先想辦法離開遮，佮妮妮in會合，逐家才做伙想辦法，

嗚帕帕你嘛會共阮鬥相共乎？

嗚帕嗚帕！

拉雅佮妮妮來到特遣隊建立
佇火山口湖旁邊的營地。

遮著是你講的營地？

敢講...著是這个湖？

無毋著，因為若欲取
地熱能源，有三个重
要元素，

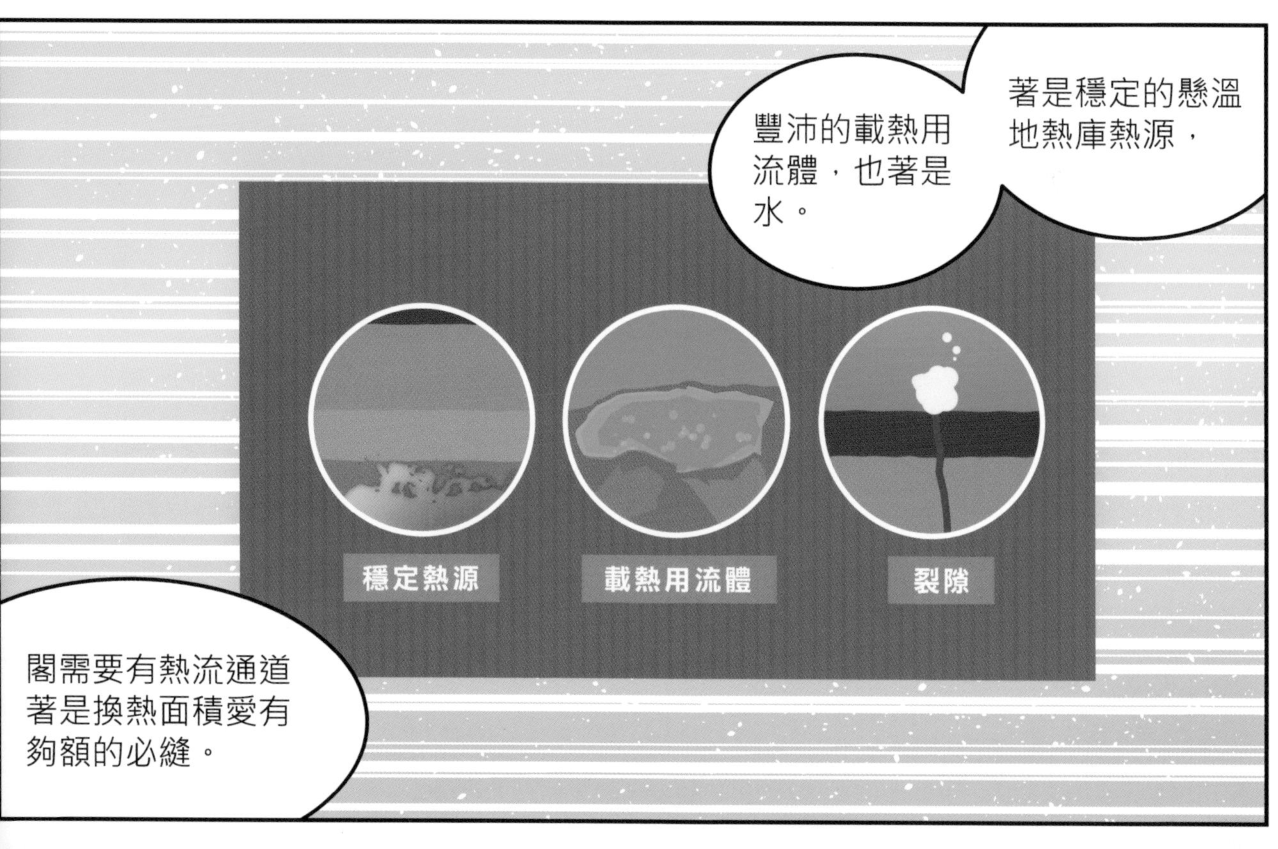
著是穩定的懸溫
地熱庫熱源，
豐沛的載熱用
流體，也著是
水。
穩定熱源
載熱用流體
裂隙
閣需要有熱流通道
著是換熱面積愛有
夠額的必縫。

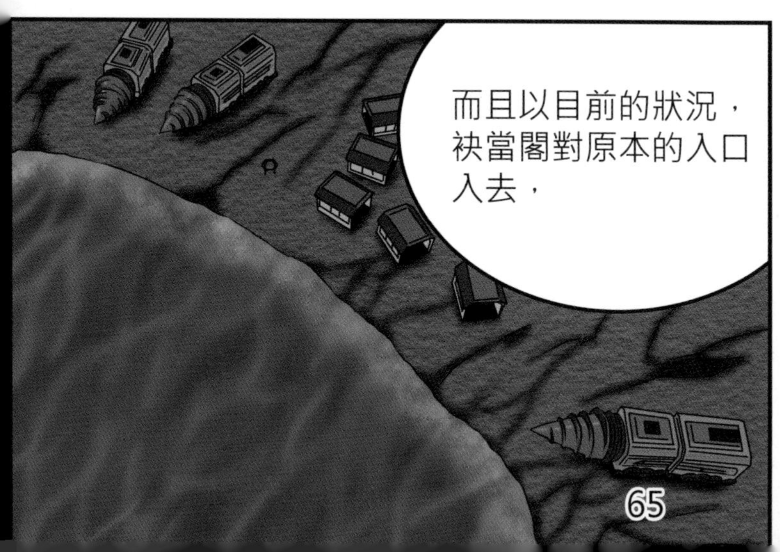
而且以目前的狀況，
袂當閣對原本的入口
入去，

對湖底入去是較
安全的一條路。

彼爿是毋是烏帕
魯帕人的庄頭？

當初就是因為這个
水源地，才會佮in
有遮爾大的誤會。
WATER
其實，阮取地
熱能使用的水
會循環使用。

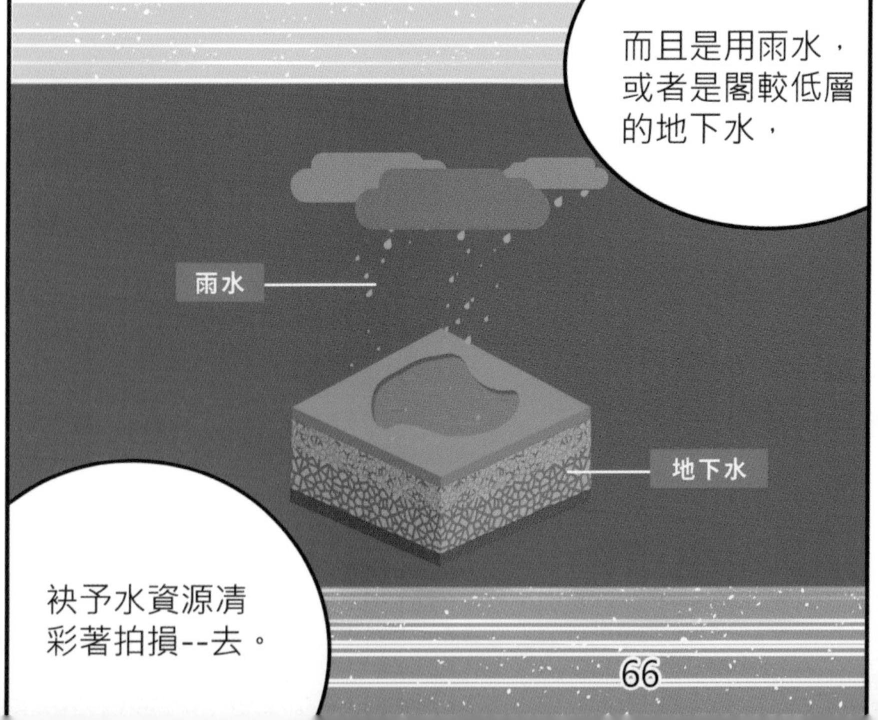

而且是用雨水，
或者是閣較低層
的地下水，
雨水
地下水
袂予水資源清
彩著拍損--去。

恁攏毋願意
好好仔講，
明明共人侵
門踏戶，閣
講話遐硬氣
(ngē-khì)。

這馬想想矣，阮
確實是傷過生狂
矣。

行啦，
妮妮，
有潛盾機，應該會
當幫助咱共將軍佮
阿盧救出來！

為著救出阿盧，
無啥物考我
會倒的！

咣
咣
咣

咣
咣
…
嘩
啦
…

拉雅佮妮妮駛潛盾機進入
湖底，開始救援任務。
嘩
！

地質科學小智識

Q1： 地熱源分做佗兩種類型?

A1： 成因照無仝的熱液系統，會當分做火山型佮非火山型兩種。

Q2： 愛按怎分辨火山型佮非火山型地熱區?

A2： 火山型地熱區分佈佇火山活動帶；非火山型地熱分佈佇變質岩佮沉積岩區。

Q3： 地熱能源的取得，需要佗一寡重要元素?

A3： 有三个重要元素：
一、穩定的高溫地熱庫熱源。
二、豐富的載熱用流體，也就是水。
三、需要提供熱流通道有夠額換熱面積的空隙

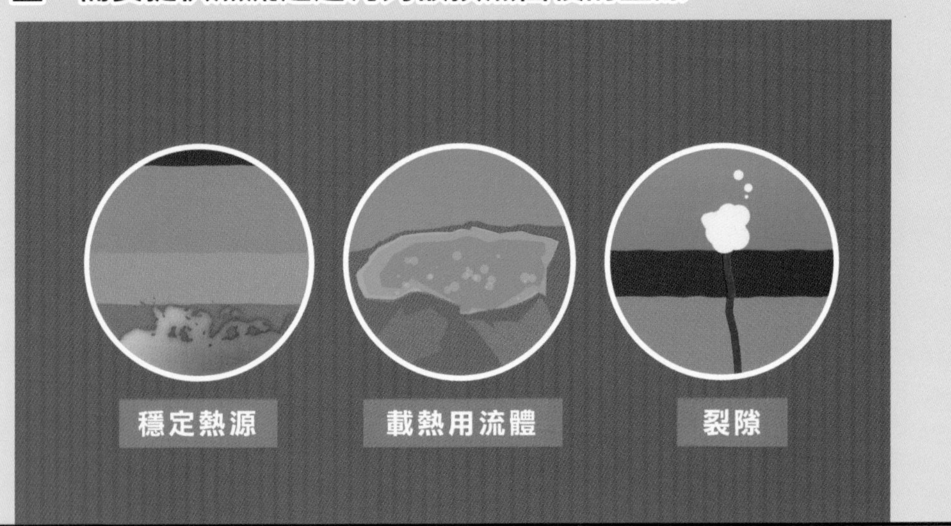

第八話　地底5Km的寶藏

拉雅佮妮妮駕駛潛盾機開始救援行動，潛盾機向岩壁寬寬仔前進，到洞穴底層了後，逐家討論欲按怎轉去到地面，拉雅煞家己一个行向駕駛艙，闔共後艙分離鈕揤落去——

開採地熱能。超臨界流體

QRCODE
台語有聲故事

每一个故事開始掃QRcode
就會當聽著台語有聲故事

隆隆...
照性命感測機顯示，
將軍in量約仔佇湖底
三公里深的所在。
聽起來是
萬丈深坑呢！

TUNNEL BORING MACHINE
3026 公尺
路線計算結果
Route calculation
69.3
較麻煩的是潛盾機的
能源可能無法度擋到
咱轉去地面...

這馬嘛只會當先
揣著in才閣來發
落矣！

嗯！！

若按呢開始
鑽矣。
潛盾機開始鑽岩層，
岩層佇咧震動，

啟動鑽頭～

碰
碰
強欲將潛盾機震予散，
予妮妮佮拉雅非常緊張。

碰
碰

阿伯，你敢有感覺著，
對拄才著一直有震動對
頂面傳落來啊？

磅
有水流落
來呢？

害矣！
嘩…

熊星人、
小王子！
咱走去較懸一
點的所在！
嗚帕嗚帕~

嘩啦
啦啦

水哪會遮爾
掣流啊。
拍拍
拍拍

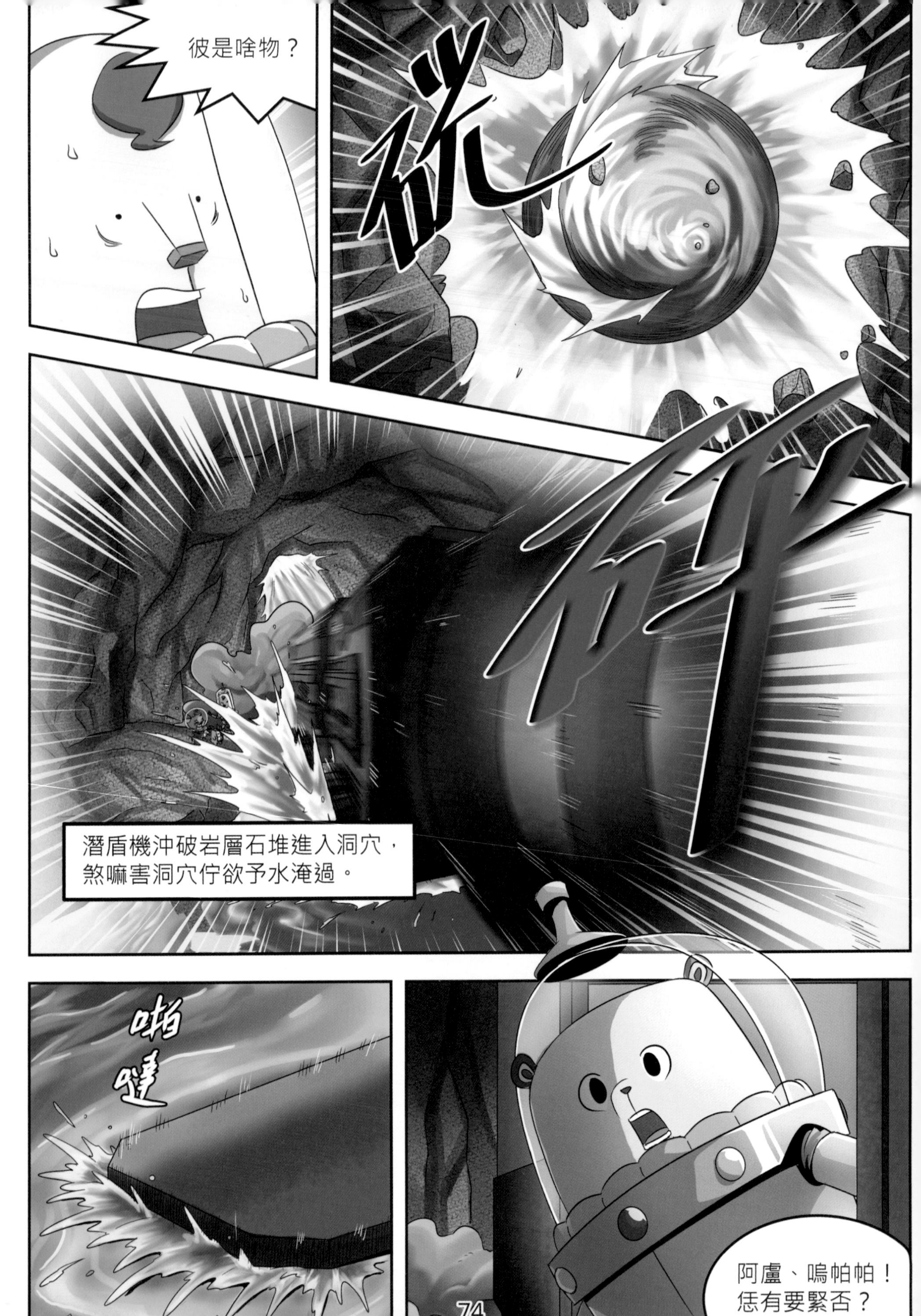
彼是啥物？
硄
砰
潛盾機沖破岩層石堆進入洞穴，
煞嘛害洞穴佇欲予水淹過。
啪
噠
阿盧、嗚帕帕！
恁有要緊否？

妮妮？你哪會
佇遮啊？
嗚帕！

當然是來救
恁啊？！
緊起來！

嘩啦啦

騎士拉雅，恁到
底是變啥魍？
水已經淹到
崁過規个塗
空通道矣！

報告將軍，因為
斷層振動徙位，
根本無路會使來
救恁，
阮只好對湖底
鑽一个空入來。

你遐歹是欲創
啥，攏是為著
欲救恁呢！

敢會當趕緊轉去地面啊？

照目前的深度，潛盾機的能源可能無夠閣轉去地面。

tsiah閣想看覓，太空三熊無咧放棄的，
咱一定會當走脫！！

這馬的深度已經接近岩漿層，凡勢閣有一个辦法，
就是繼續向下底鑽空，共水灌入去，

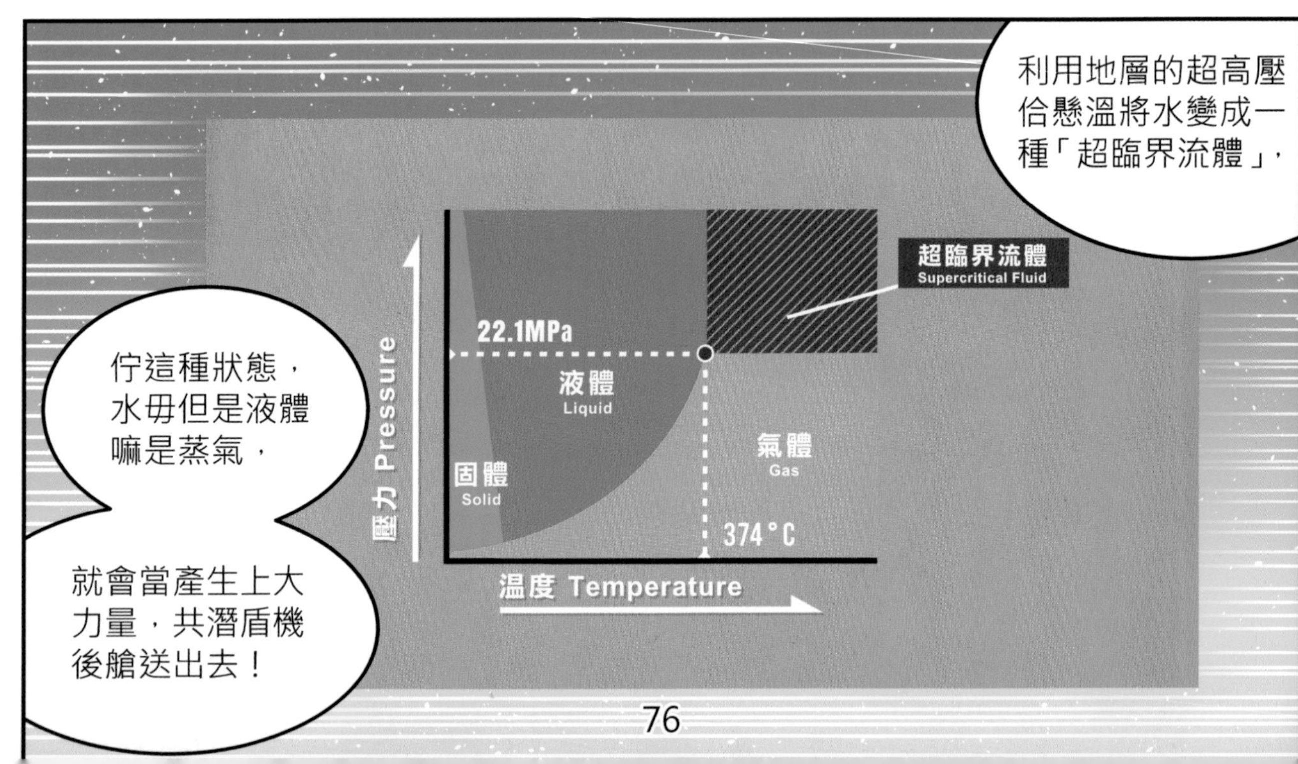
利用地層的超高壓佮懸溫將水變成一種「超臨界流體」，
超臨界流體
Supercritical Fluid
22.1MPa
液體
Liquid
氣體
Gas
固體
Solid
374°C
壓力 Pressure
溫度 Temperature
佇這種狀態，水毋但是液體嘛是蒸氣，
就會當產生上大力量，共潛盾機後艙送出去！

嗚帕！
嗚帕！

哇~
「超臨界流體」，
有影是一个足臭煬(iāng)的名呢~
我佮意！！

猶毋過按呢毋就愛直接鑽入去熔岩，規个鑽頭佮駕駛艙毋著害了了矣？

按呢傷危險啦，
而且阮拄入來的時陣，規台潛盾機敢若佇欲散了了矣！
退後

猶閣有你講後艙是啥物意思啊

拉雅
你欲創啥？

騎士拉雅，你...
你想欲創啥！

報告將軍，
這是逐家唯
一的機會。
我是聯合王國的
騎士，我愛為著
進前做毋著的代
誌來賠罪。

拉雅，講好欲
做伙合作，
拍
拍
你共我轉
來，我佮
你做伙去！
多謝你閣願意
相信我，

嘛請恁門照顧
阮阿公...

緊開門啊！
按
分離
拉雅緊共門
拍開啊！

拉雅...

我的拉雅！
妳是聯合王國
真正的英雄啊！

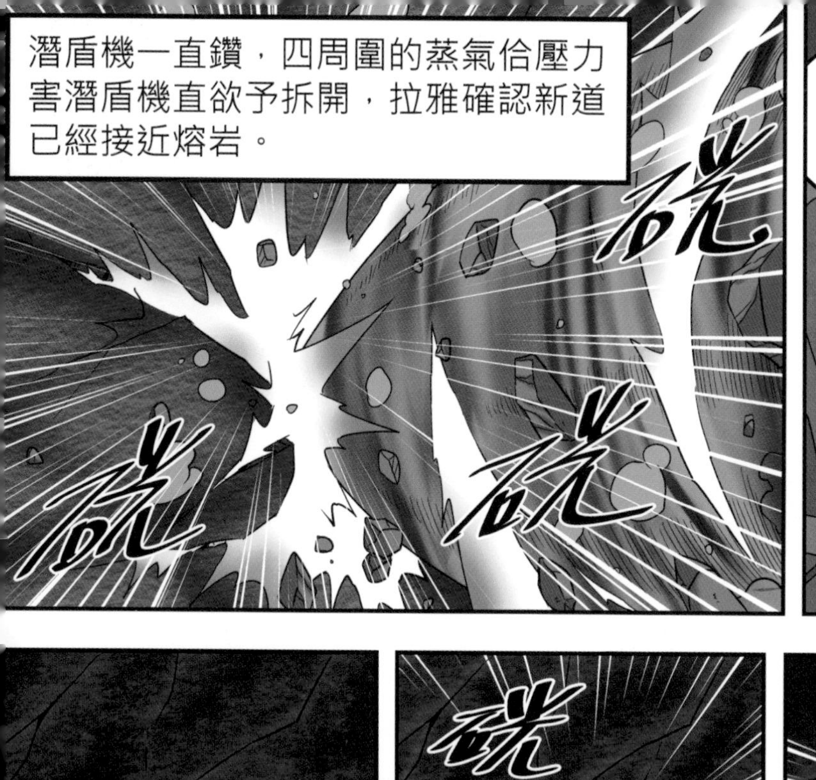
潛盾機一直鑽，四周圍的蒸氣佮壓力害潛盾機直欲予拆開，拉雅確認新道已經接近熔岩。
硄
硄
硄

佇欲到矣，
小楗一下。

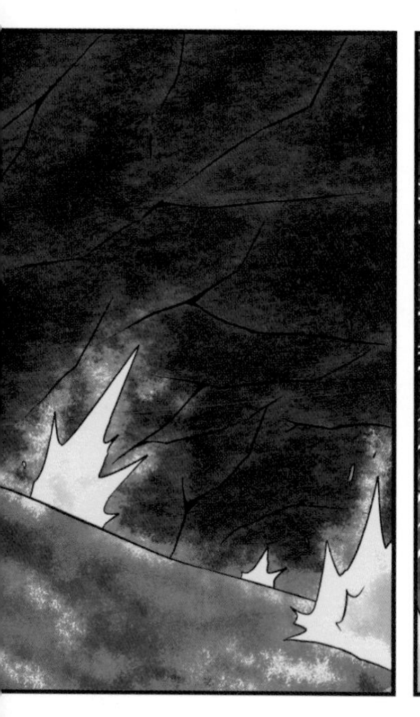

硄

大量的水順縫走入岩漿，岩漿跟水一下接觸著產生蒸氣爆炸。

成功矣!

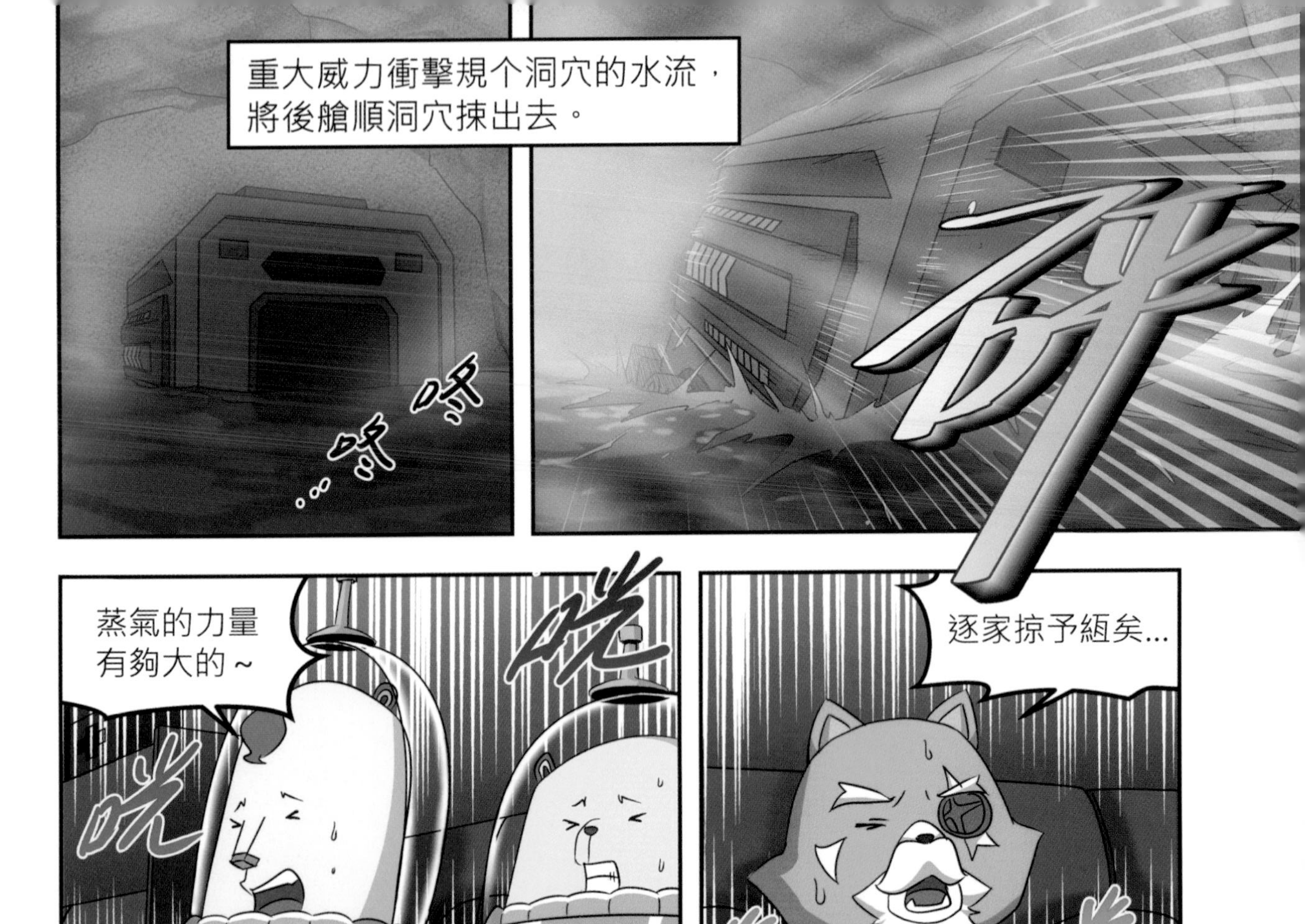
重大威力衝擊規个洞穴的水流，
將後艙順洞穴揀出去。
咚咚
…咚
砰
蒸氣的力量
有夠大的~
咣
咣
逐家掠予絚矣...
咣
咣

阿公、妮妮、
阿盧、小王子，
再見矣~
嗚帕
噠
嗚帕帕...
嗚...帕...

阿娘喂，真正
欲散了了矣！

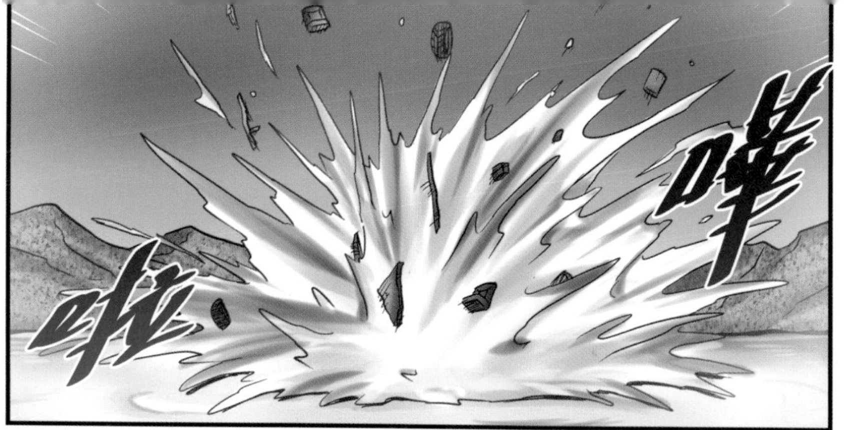
嘩
啦

唰—

哎呀～

落(lak)落

看彼爿！

是...嗚帕
魯帕人...

恁看！

彼个是毋是恁
的特遣隊啊！
哪...哪有
可能！？

報告將軍，阮因
為二氧化碳中毒
昏昏去矣...，
是嗚帕魯帕人
救阮的！

竟然是按呢...，
敢講我進前攏誤
會嗚帕魯帕人矣...。

拉雅～我的
乖查某孫矣！
我嘛一直
誤解拉雅...

嗚帕魯帕
嗚帕魯帕！

報告將軍，請
問：小王子咧？
伊敢毋是嘛
佮恁做伙？

著乎～
嗚帕帕呢？
哪會無看著
嗚帕帕啊...

我嘛無看著
嗚帕帕～

嗚帕魯帕...

嘩
啦

哇～我是拄著啥物矣？

害矣，小王子無去矣，
嗚帕魯帕人敢會共咱刣死啊？

妮妮！阿盧！
我來救恁矣！

小王子...
嗚帕帕...

天公伯啊！
我閣傷晏到矣！

妥當的啦！
阿德你這擺來甲
有影足拄好的！

這改真正足
多謝佢的！

真希望佢會當加
留幾工仔...。

佳哉有拉雅共水規个
灌入去塗跤底的岩漿
層，產生予人想袂到
的地熱蒸氣，
這是開發地熱能
上新的技術！

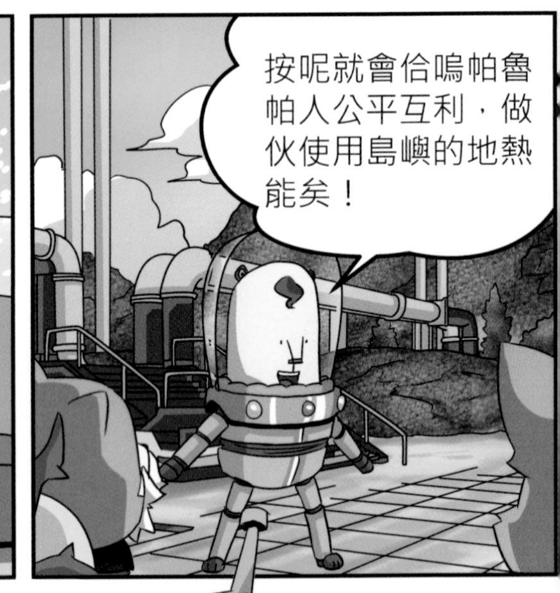
按呢就會佮嗚帕魯
帕人公平互利，做
伙使用島嶼的地熱
能矣！

按呢一定愛共
號一个閣較臭
煬的名，

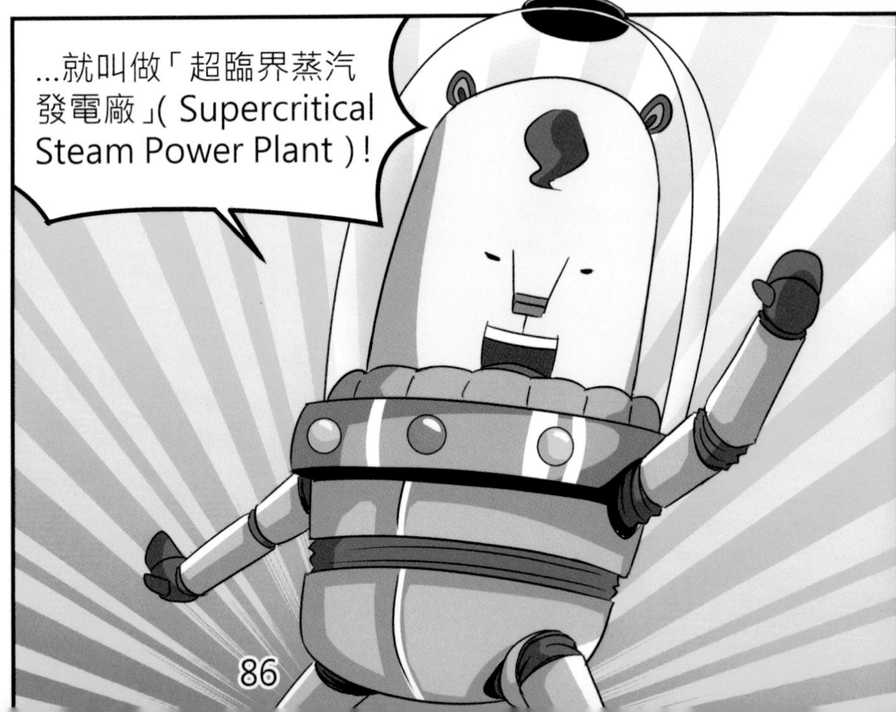
...就叫做「超臨界蒸汽
發電廠」(Supercritical
Steam Power Plant)！

按呢生，聯合王國
的能源危機嘛會當
來解決矣！

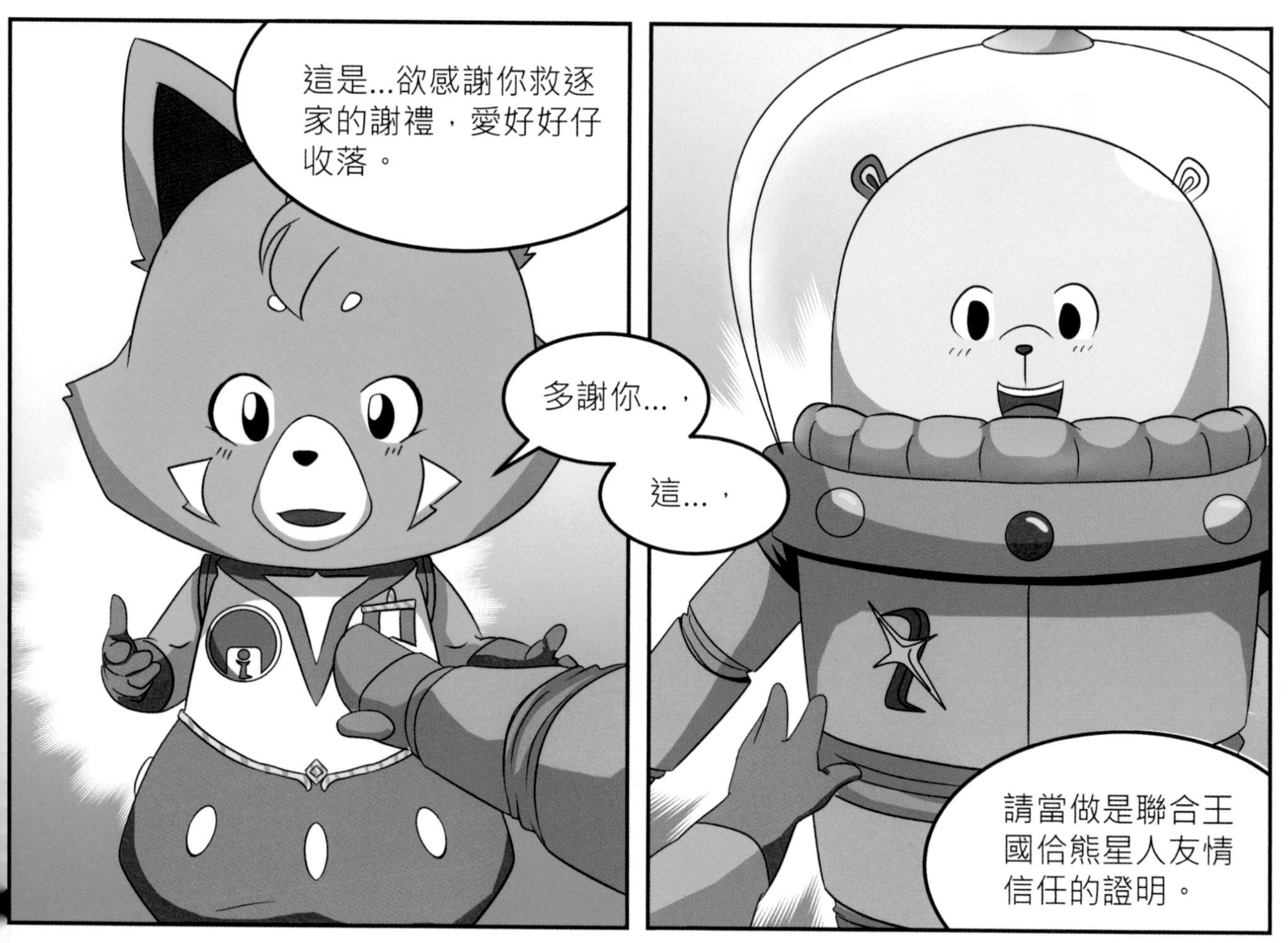
這是...欲感謝你救逐
家的謝禮，愛好好仔
收落。
多謝你...，
這...，
請當做是聯合王
國佮熊星人友情
信任的證明。

哈哈~

哼姆...，補完能源著欲走...，恁遮个熊星人實在是...！

帕帕～。

凍霜阿伯，敢講你看阮走會毋甘?
呃...才無這種代誌咧！

阮後擺來的時陣，會閣來揣阿伯啦！
啥物！
恁會閣來喔？

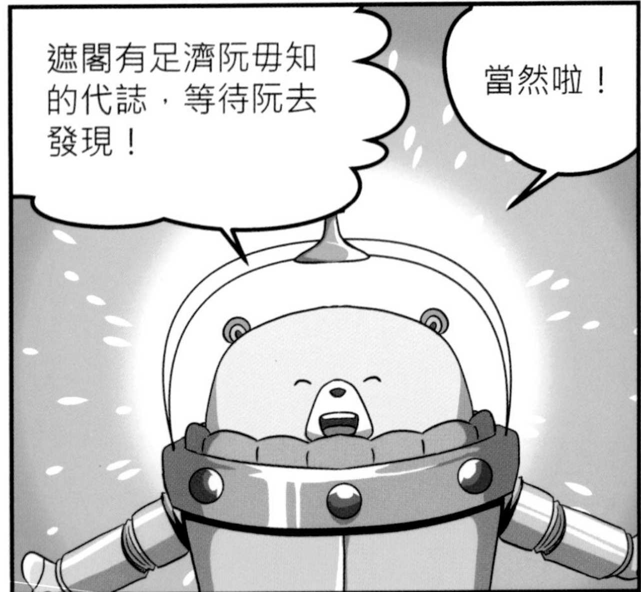
當然啦！
遮閣有足濟阮毋知的代誌，等待阮去發現！

按呢...阮就期待熊星人閣一擺光臨聯合王國囉！
講好矣喔！

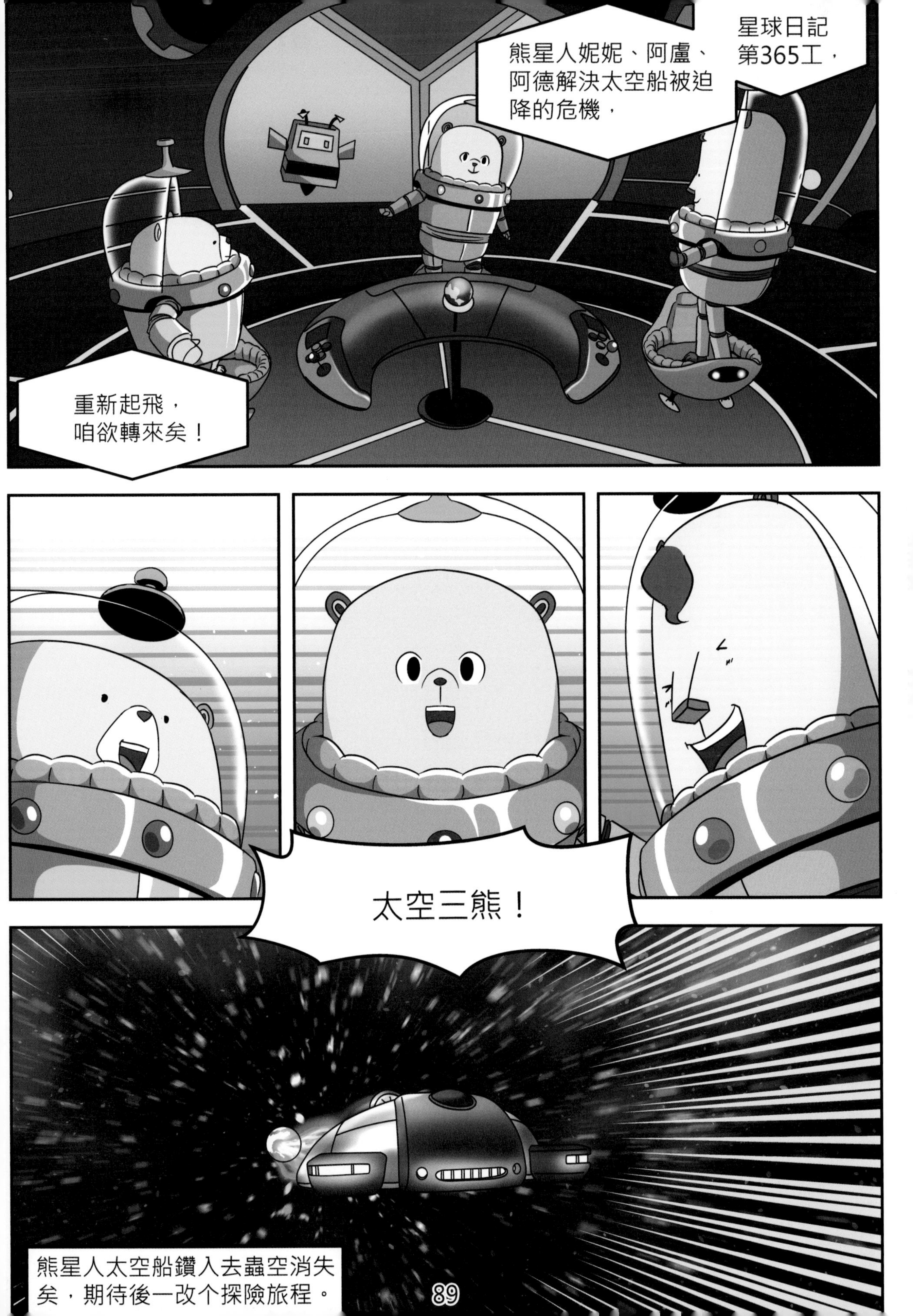
星球日記
第365工，
熊星人妮妮、阿盧、
阿德解決太空船被迫
降的危機，
重新起飛，
咱欲轉來矣！
太空三熊！
熊星人太空船鑽入去蟲空消失
矣，期待後一改个探險旅程。

地質科學小智識

Q1： 敢有可能預測地動的發生？(第六話)

A1： 無法度。地動是上無法度準確預測的災害之一，但是當強烈地動發生了後，通常攏會有大大細細的餘震。

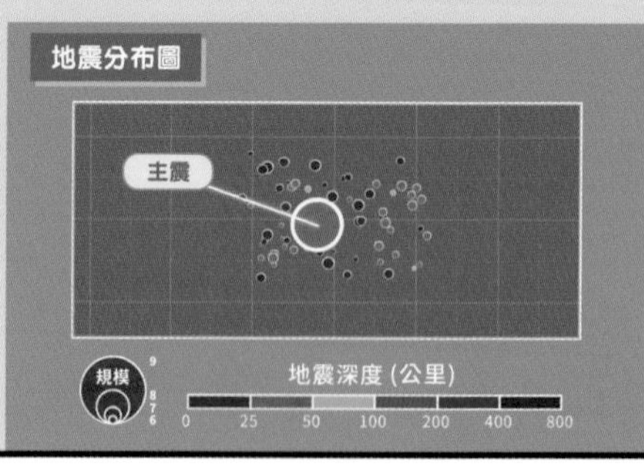

Q2： 火山型的地熱區會有啥物地熱徵兆?(第五話)

A2： 火山型的地熱區通看著明顯的地熱兆頭，親像噴氣口、滾泉、噴泉等。

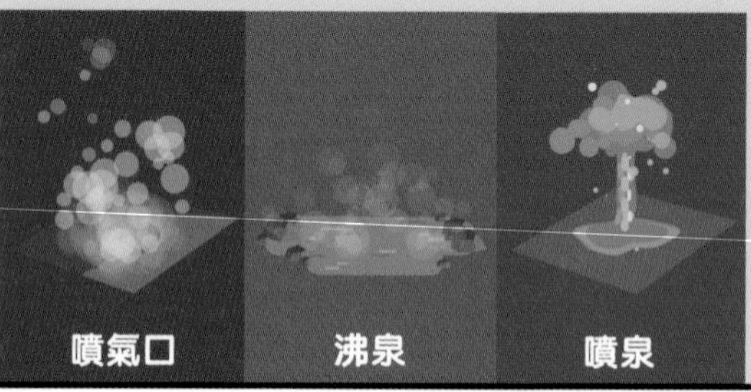

Q3：「超臨界流體」欲按怎形成?

A3： 將水注入岩漿，利用岩漿的超高壓和高溫共水激發做一種「超臨界流體」，佇這種狀態下，水是液體嘛是蒸氣。

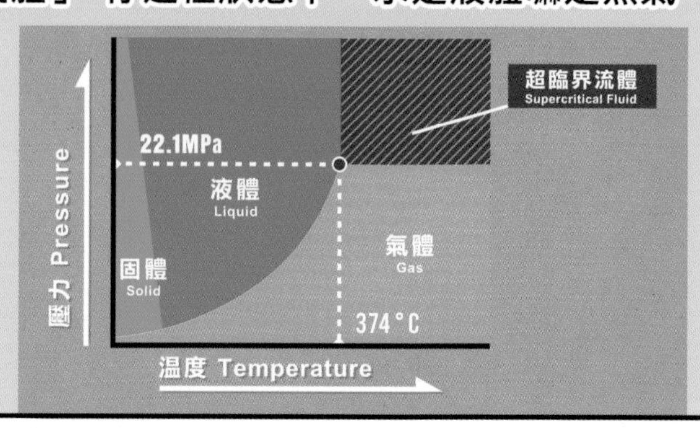

《Bear Star》

作詞:張永昌　作曲：張念達

發動 智慧的引擎（iấn-jín） 欲出帆（phâng）
行踏大海 心茫茫
這款 的冒險絕對袂輕鬆
（逐家）思考才袂愣愣　（做伙）出力才會振動
展翼帶著希望　勇敢承擔（ sîng-tann）

飛上懸山（kuân suann）

BearStar 衝啦

挑戰 全部毋驚（ m̄-kiann）

BearStar 衝啦

踏出 希望 向前行（ hiòng-tsiân kiânn）

迵過（thàng-kuè；穿越) 銀河（gîn-hô）的 BearStar

《嗚帕帕之歌》

作詞:陳守玉　作曲：張念達

法爾星的嗚帕魯帕

嗚帕帕 嗚帕帕

岩漿沖天 火山爆炸〔pok-tsà〕

嗚帕魯帕 免驚免驚

嗚帕帕 嗚帕帕

浸著（tioh）溫泉 天大地大

阮的(嗚帕)所在(嗚帕)

溫暖的家 (嗚帕帕)

企　　劃　肯特動畫
　　　　　台灣大學地質科學系
漫　　畫　比歐力工作室
補助單位　文化部

出版發行／前衛出版社
地址：10468台北市中山區農安街153號4樓之3
電話：02-2586-5708
傳真：02-2586-3758
郵撥帳號：05625551
Email：a4791@ms15.hinet.net
http://www.avanguard.com.tw

法律顧問／陽光百合律師事務所

總經銷／紅螞蟻圖書有限公司
地址：11494台北市內湖區舊宗路二段121巷19號
電話：02-2795-3656
傳真：02-2795-4100

出版日期／2021年10月 初版一刷
售價／350元

Printed in Taiwan　ISBN 978-957-801-988-1